Nirajkumar Mehta
Prakash Parmar

Como converter uma máquina de torno tradicional numa máquina CNC

Nirajkumar Mehta
Prakash Parmar

Como converter uma máquina de torno tradicional numa máquina CNC

Abordagem inovadora de automação e reequipamento

ScienciaScripts

Imprint

Cover image: www.ingimage.com

This book is a translation from the original published under ISBN 978-620-2-31053-6.

Publisher:
Sciencia Scripts
is a trademark of
Dodo Books Indian Ocean Ltd. and OmniScriptum S.R.L publishing group

120 High Road, East Finchley, London, N2 9ED, United Kingdom
Str. Armeneasca 28/1, office 1, Chisinau MD-2012, Republic of Moldova, Europe
Printed at: see last page
ISBN: 978-620-8-34161-9

Índice

Capítulo 1

Introdução

Trabalho na dissertação sobre a adaptação de uma máquina de torno para a sua conversão de um torno convencional numa máquina de torno semi-automática, tal como um centro de torneamento CNC. Mas, para este processo, é importante que tenhamos um conhecimento adequado sobre a máquina de torno, a máquina CNC e a adaptação. Para isso, apresentamos uma breve introdução a todos estes pontos em baixo.

1. 1Retrofit [12]

Retrofitting refere-se à adição de novas tecnologias ou caraterísticas a sistemas mais antigos. Esta definição fornece quase todas as informações sobre a palavra retrofitting. Quando dizemos que o retrofitting está relacionado com algum componente, isso significa que tentamos atualizar esse componente e melhorar a sua eficácia através de uma tecnologia atual. São vários os domínios em que a adaptação é aplicada, como indicado a seguir,

- Central eléctrica
- Edifício ou estrutura
- Máquinas
- Processo de fabrico
- Veículos
- Planeamento urbano, etc.

O retrofit é o processo de substituição dos sistemas CNC, servo e fuso numa máquina-ferramenta mecanicamente sólida para prolongar a sua vida útil. A reconstrução e o refabrico incluem normalmente um retrofit CNC. As vantagens previstas incluem um investimento de custo inferior ao da aquisição de uma máquina nova e uma melhoria do tempo de atividade e da disponibilidade. No entanto, existem muitas vezes outros benefícios imprevistos, incluindo custos de energia mais baixos, maior desempenho e um novo nível de acessibilidade dos dados de fabrico.

Os requisitos de fabrico mudaram drasticamente nas últimas duas décadas, e muitas novas funcionalidades estão agora disponíveis para apoiar o Lean Manufacturing. O reequipamento é um negócio competitivo, pelo que os reequipadores irão frequentemente apresentar uma configuração de sistema de controlo muito básica, a menos que especifique a funcionalidade que é importante para a sua operação.

Justificar o investimento em reabilitação é semelhante a qualquer outro tipo de investimento. A consideração de todos os custos e benefícios financeiros permite-lhe calcular um ROI para comparação com outras oportunidades de investimento. Ao considerar todos os benefícios financeiros e não financeiros associados ao projeto, poderá decidir se a reabilitação faz sentido para a sua empresa.

1.2O que é um retrofit CNC? [12]

Uma modernização de CNC actualiza normalmente o CNC, os servomotores e accionamentos dos eixos, o motor e os accionamentos do fuso, e uma parte da cablagem associada e dos componentes electromecânicos relacionados. Ao contrário da reconstrução e do refabrico, uma modernização do CNC não inclui quaisquer reparações importantes na mecânica da máquina. Um retrofit CNC não deve ser confundido com uma conversão CNC, em que uma máquina manual é convertida numa máquina CNC.

Partindo do princípio de que a máquina-ferramenta se encontra, em geral, em bom estado mecânico, o reequipamento CNC é normalmente a solução de menor custo para melhorar o desempenho global de uma máquina-ferramenta antiga. Apesar de algumas sub-montagens eléctricas serem frequentemente realizadas no local de trabalho do instalador, a maior parte do trabalho pode ser concluída no local da máquina, evitando custos dispendiosos de montagem e transporte da máquina e minimizando o tempo em que a máquina fica fora de serviço.

A reconstrução inclui normalmente a reparação ou substituição de alguns componentes mecânicos desgastados, tais como fusos de esferas, bombas de lubrificação, encravamentos de segurança, protecções, mangueiras, correias e cablagem eléctrica. A reconstrução é normalmente efectuada nas instalações do reconstruidor, pelo que poderá haver custos adicionais de transporte e de montagem.

O refabrico vai mais longe e repara ou substitui os componentes mecânicos de acordo com as especificações originais de fábrica, "como novos". É provável que a máquina seja completamente desmontada, limpa, inspeccionada, reparada e pintada. Todos os sistemas pneumáticos, hidráulicos e eléctricos serão actualizados. A máquina pode também ser modificada ou ter acessórios mecânicos adicionados para ser reutilizada numa nova aplicação. Praticamente sem exceção, o remanufaturamento terá lugar nas instalações do remanufaturador.

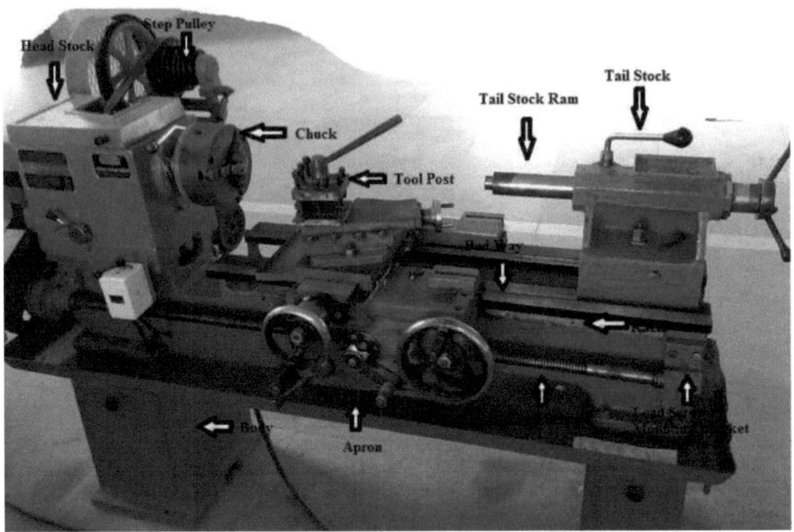

Figura No.1.1: - Máquina de torno convencional

Figura No.1.2: - Máquina de torno adaptada

A decisão de reequipar, reconstruir ou refabricar depende do estado atual da máquina e dos benefícios previstos do investimento. A análise dos registos de manutenção e das estatísticas de rendimento das peças pode ajudar a compreender o estado dos sistemas mecânicos das máquinas.

Uma análise da barra de esferas também pode ser utilizada para diagnosticar problemas mecânicos.

No ponto anterior, apresentamos uma breve introdução à readaptação CNC, mas, a seguir, apresentamos uma lista dos componentes utilizados na readaptação CNC,

- Parafuso de esferas
- Servo-motores
- Sistema de feedback ou sensores
- Controlador
- Sistema hidráulico
- Guarda de proteção

Na discussão anterior, falamos sobre a adaptação da máquina de torno, mas quando fazemos um trabalho de projeto sobre a adaptação da máquina de torno, é importante ter conhecimento sobre uma máquina de torno e uma máquina CNC, o que é dado nos próximos dois tópicos.

1.3Objectivo da readaptação

O principal objetivo da automatização avançada da máquina de torno convencional através do método de adaptação é melhorar as caraterísticas da máquina de torno convencional existente e fornecer um centro de torneamento CNC para fins de estudo com um custo muito inferior ao da nova máquina de treino CNC.

O segundo objetivo é melhorar a precisão do trabalho, realizando uma operação bem sucedida na máquina.

O terceiro objetivo deste trabalho é, uma vez que o custo de instalação de uma máquina de torno adaptada é elevado, mas a taxa de produção também é elevada. Por conseguinte, é muito útil na produção em massa.

Para além do objetivo principal acima referido, há também vários objectivos da adaptação que são apresentados a seguir

Repetibilidade muito superior.

1.4Visão geral da máquina de torno

Um torno é uma máquina-ferramenta que roda a peça de trabalho no seu eixo para realizar várias operações, tais como cortar, serrilhar, furar, facear, tornear com ferramentas que são aplicadas à peça de trabalho para criar um objeto que tem simetria em torno de um eixo. Os tornos são utilizados no torneamento de madeira, no trabalho de metais, na fiação de metais, na pulverização térmica, na recuperação de peças e no trabalho de vidro.

Os tornos para metalurgia mais bem equipados também podem ser utilizados para produzir a maioria dos sólidos de revolução, superfícies planas e roscas ou hélices de parafusos. Alguns exemplos de produtos fabricados por um torno são castiçais, canos de armas, tacos, pernas de mesa, taças, tacos de basebol, cambotas de instrumentos musicais e árvores de cames.

O torno é uma ferramenta antiga, que remonta, pelo menos, ao antigo Egito e é conhecida e utilizada na Assíria e na Grécia antiga. A origem do torneamento remonta a cerca de 1300 a.C., quando os antigos egípcios desenvolveram um torno para duas pessoas. Uma pessoa girava a peça de madeira com uma corda enquanto a outra utilizava uma ferramenta afiada para cortar formas na madeira.

A Roma antiga melhorou o design egípcio com a adição de um arco de torneamento. Na Idade Média, um pedal substituiu o torneamento manual, libertando as duas mãos do artesão para segurar as ferramentas de tornear madeira. O pedal era geralmente ligado a um poste, muitas vezes uma árvore de grão reto. O sistema é atualmente designado por torno de mola. Os tornos de mola foram de uso corrente até ao início do século XX. Um dos primeiros tornos no Reino Unido foi a máquina de perfuração horizontal, instalada por Jan Verbruggen (artigo na Wikipédia holandesa) em 1772 no Arsenal Real de Woolwich. Depois da avaliação contínua da tecnologia, apresentamos um torno moderno sob a forma de um centro de torneamento CNC.

Atualmente, são utilizadas várias máquinas de torno em indústrias como o torno para trabalhar madeira, o torno para trabalhar metal, o torno de taco, o torno giratório de metal, o torno de torneamento ornamental, o torno redutor, o torno rotativo, etc. Destes, todos os tornos mecânicos são utilizados principalmente para trabalhar metais. O torno para trabalhar metais é utilizado para remover o metal do material em linha para obter uma forma desejada através do movimento relativo de um porkpies e de uma ferramenta.

A parte principal do torno para trabalhar metais é a cama, a cabeça, o fuso, o descanso da ferramenta e a cauda. Os próximos tópicos explicam-nos resumidamente.

1.4.1Princípio da máquina de torno

O princípio da máquina de torno é que a peça de trabalho é mantida em qualquer dispositivo de fixação e permite a rotação em torno do eixo fixo ao mesmo tempo que a broca da ferramenta se move paralela e perpendicularmente e a operação de marcha Performa.

Inicialmente, o torno era utilizado apenas para operações de torneamento. No entanto, atualmente, o torno é utilizado não só para tornear, mas também para furar, escarear, roscar, etc.

1.4. 2Construção [12]

A máquina de torno é constituída por uma cabeça, uma cauda, uma base, um carro, etc.; a construção simples da máquina de torno é mostrada na figura 1.1.

1.4. 3Cama

Quase todos os tornos têm malhas. A base é uma base robusta que se liga ao cabeçote e permite que o carro e o cabeçote móvel se desloquem paralelamente ao eixo do fuso. Este movimento é facilitado por calhas de apoio endurecidas e rectificadas que fixam o carro e o contra-ponto numa trajetória definida. O carro desloca-se por meio de um sistema de cremalheira e pinhão. O parafuso de avanço de passo preciso acciona o carro que segura a ferramenta de corte através de uma caixa de velocidades acionada a partir do cabeçote. Os tipos de leitos incluem leitos em "V" invertido, leitos planos e leitos combinados em "V" e planos. As camas em "V" e combinadas são utilizadas para trabalhos de precisão e ligeiros, enquanto as camas planas são utilizadas para trabalhos pesados. A figura 1.3 mostra a cama atual.

1.4. 4Chuck

Na figura 1.4 é mostrada uma bucha de três maxilas real, as maxilas da bucha independente podem ser utilizadas como ilustrado ou podem ser invertidas de modo a que os degraus fiquem virados para a direção oposta; assim, as peças de trabalho podem ser agarradas externa ou internamente. A bucha independente pode ser utilizada para segurar peças quadradas, redondas, octogonais ou de forma irregular, tanto em posição concêntrica como excêntrica, devido ao funcionamento independente de cada mordente. Devido à sua versatilidade e capacidade de

Figura No.1.3: - Cama (Slide)

Figura n.º 1.4: - Mandril

Para a regulação, o mandril de aperto independente é normalmente utilizado para a montagem de locais de trabalho difíceis que devem ser mantidos com extrema precisão. Um mandril combinado combina as caraterísticas do mandril independente e do mandril de rolagem universal e pode ter três ou quatro mordentes. As mandíbulas podem ser movidas em uníssono numa roda para centragem automática ou podem ser movidas individualmente, se desejado, através de parafusos de ajuste separados.

1.4. 5 Transporte

O carro inclui o avental, o selim, o descanso composto, o carro transversal, a coluna da ferramenta e a ferramenta de corte, como mostra a figura 1.5. Situa-se ao longo das vias do torno e em frente da base do torno. A função do carro é transportar e mover a ferramenta de corte. Pode ser movido à mão ou à força e pode ser fixado na posição com uma porca de bloqueio. A corrediça transversal é montada nas calhas em cauda de andorinha na parte superior da sela e é movida para trás e para a frente a 90° em relação ao eixo do torno através do parafuso de avanço da corrediça transversal.

O parafuso de avanço pode ser ativado manualmente ou por energia. Uma alavanca de inversão do avanço, localizada no carro ou no cabeçote, pode ser usada para fazer com que o carro e o carro transversal invertam a direção do curso. O descanso composto é montado no carro transversal e pode ser girado e fixado em qualquer ângulo num plano horizontal. O descanso composto é usado extensivamente no corte de cones e ângulos íngremes para centros de torno. A ferramenta de corte e o porta-ferramentas são fixados na coluna de ferramentas, que é montada diretamente no descanso composto. O avental contém as engrenagens e as embraiagens de alimentação que transmitem o movimento da haste de alimentação ou do parafuso de avanço para o carro e o carro transversal.

Mas como sabemos que apenas uma ferramenta está em contacto direto com uma peça de trabalho, é muito importante que a ferramenta fique bem presa na coluna de ferramentas. Os porta-ferramentas de torno são concebidos para segurar de forma segura e rígida a broca da ferramenta num ângulo fixo para maquinar corretamente a peça de trabalho. Os porta-ferramentas são concebidos para trabalhar em conjunto com várias colunas de ferramentas de torno, nas quais os porta-ferramentas são montados.

Os porta-ferramentas para brocas de aço rápido existem em vários tipos para diferentes utilizações, como mostra a figura 1.6. Estes porta-ferramentas foram concebidos para serem utilizados com a coluna de ferramentas redonda padrão que normalmente é fornecida com cada torno mecânico. Esta coluna de ferramentas é constituída pela coluna, parafuso, anilha, colar e balancim, e encaixa na ranhura em T do apoio composto.

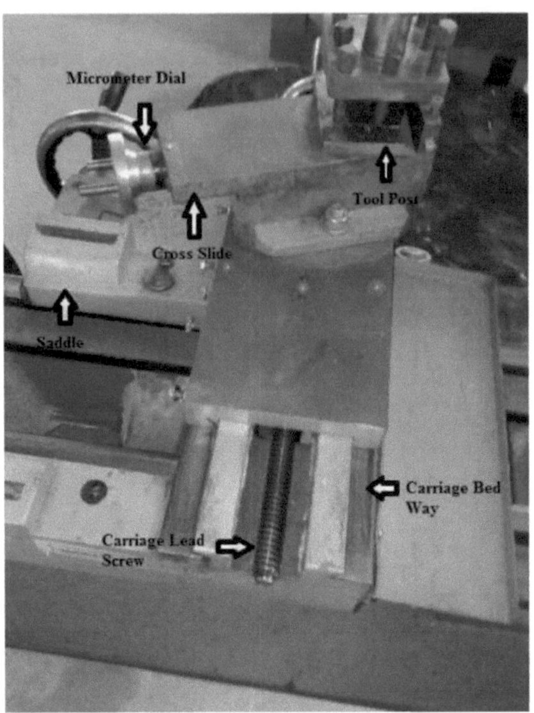

Figura n.º 1.5: - Carro de transporte

Figura n.º 1.6: - Porta-ferramentas com broca

Os porta-ferramentas padrão para ferramentas de corte de aço rápido têm uma ranhura quadrada feita para encaixar uma haste de broca de tamanho padrão. As hastes das brocas podem ser de 1/4", 5/16", 3/8" e superiores, com todos os vários tamanhos a serem fabricados para todos os modelos de porta-ferramentas dos diferentes fabricantes de tornos. Alguns porta-ferramentas padrão para bits de aço são o porta-ferramentas reto, o porta-ferramentas com desvio para a direita e para a esquerda e o porta-ferramentas de travão zero concebido para bits de metal duro especiais. Outros porta-ferramentas que se adaptam à coluna de ferramentas redonda padrão incluem porta-ferramentas de corte reto, esquerdo e direito, porta-ferramentas de serrilha, porta-ferramentas de barra de perfuração e porta-ferramentas de corte de rosca especialmente formados.

A coluna de ferramentas da torre é um bloco giratório que pode conter muitos bits ou suportes de ferramentas diferentes. Cada ferramenta de corte pode ser rapidamente rodada para a posição de corte e fixada no lugar utilizando um punho de fixação rápida. A torre de ferramentas é utilizada principalmente para operações de produção a alta velocidade.

1.4.6Especificação da máquina de torno [11]

Convencionalmente, uma máquina de torno é especificada com base nas seguintes caraterísticas, que são utilizadas para a especificação geral do torno,

- A altura do torno medida a partir da base do torno até ao centro do fuso
- Comprimento da cama
- O comprimento entre dois centros
- Diâmetro máximo da peça de trabalho fixada no mandril

O centro é considerado para referência como o suporte sobre o qual a peça de trabalho é mantida. Estes centros são também conhecidos como centro vivo e centro morto. O comprimento entre os centros é considerado um torno máximo da peça de trabalho que está a oscilar numa máquina de torno. O diâmetro de oscilação é o maior diâmetro da peça de trabalho que oscila numa máquina de torno.

Algumas máquinas de tempo são especificadas com base na empresa e a empresa tem a sua própria norma baseada na construção da máquina.

Tabela nº: - 1.1 Especificação da máquina de torno

Specification of machine	
Height of center	200 mm
Swing over bed	400 mm
Swing over slide	240 mm
Width of bed	280 mm
Spindle bore	51 mm
RPM	750
Cross slide travel	210 mm
Top slide travel	125 mm
Tail stock sleeve	MT-3
Lead screw	6 TPI
Main motor	1 H.P.
Bed length feet	4.5ft
Weight approximation	950

1.4.7 Operação efectuada no torno mecânico

Existem várias operações realizadas numa máquina de torno de acordo com a disposição da ferramenta e da peça de trabalho. Mas todas estas operações são derivadas em duas categorias, sendo que na primeira categoria considera-se uma operação em que a peça de trabalho é colocada entre o mandril e o ponto morto, enquanto na segunda categoria a peça de trabalho é mantida apenas por um mandril ou placa frontal da máquina de torno.

Vamos ver todas as operações uma a uma, primeiro considerámos as operações em que o trabalho é mantido entre o mandril e a placa frontal da máquina de torno.

- Virar a direito
- Torneamento cónico
- Chanfragem
- Corte de rosca
- De frente para

- Serrilha

O torneamento em linha reta, o torneamento em degrau e o torneamento cónico são basicamente executados apenas numa face cilíndrica da peça de trabalho, mas a diferença é que no torneamento em degrau é executada uma trituração para gerar uma solda ou, digamos, um degrau na peça de trabalho de acordo com o diâmetro, enquanto que no torneamento cónico é gerado um cone na face cilíndrica da peça de trabalho.

No corte de roscas, a rosca é aplicada numa superfície exterior da peça de trabalho. Para o corte de roscas é necessária uma disposição especial das engrenagens do torno que está diretamente em contacto com um carro.

O faceamento aplica-se à face vertical da peça de trabalho para endireitar uma face da peça de trabalho. Enquanto a chanfragem é aplicada numa aresta da peça de trabalho para uma melhor aparência e reduz a tensão de construção. A operação de recartilhamento é efectuada para proporcionar uma melhor aderência à peça de trabalho.

Vejamos agora uma operação em que a peça de trabalho é mantida apenas por um mandril que é listado abaixo,

- Perfuração
- Aborrecido
- Contra-perfuração
- Alargamento
- Polimento
- Fiação
- Bater palmas
- Subcotação
- Separação

As operações de perfuração, perfuração, contra-furação e alargamento têm a mesma disposição operacional, mas diferem umas das outras pela ferramenta utilizada na operação. A perfuração é utilizada para fazer um orifício na face da peça de trabalho, enquanto a perfuração e a contra-furação são utilizadas para aumentar o diâmetro do orifício já perfurado, enquanto a fresagem é utilizada para obter uma precisão dimensional do orifício em microns.

O corte inferior é utilizado para fornecer uma solda no interior de um furo. A separação é a operação final de qualquer procedimento de trituração numa máquina de torno que é utilizada para remover o produto final da porção de matéria-prima que é mantida numa peça de trabalho no mandril.

1.4.8Ferramentas utilizadas no torno mecânico

A ferramenta de corte do torno ou a broca da ferramenta deve ser feita do material correto e retificada nos ângulos corretos para maquinar a peça de trabalho de forma eficiente. A broca de ferramenta mais comum é a broca de uso geral feita de aço rápido. Estas brocas são geralmente baratas, fáceis de retificar numa rebarbadora de bancada ou de pedestal, suportam muitos abusos e desgaste e são suficientemente fortes para reparações e fabrico em geral. As brocas de aço de alta velocidade suportam o elevado calor gerado durante o corte e não são alteradas após o arrefecimento. Estas pontas de ferramenta são utilizadas para tornear, facear, escarear e outras operações de torno.

As pontas de ferramentas feitas de materiais especiais como carbonetos, cerâmicas, diamantes e ligas fundidas são capazes de maquinar locais de trabalho a velocidades muito elevadas, mas são frágeis e caras para o trabalho normal de torno. As brocas de aço de alta velocidade estão disponíveis em muitas formas e tamanhos para se adaptarem a qualquer operação de torno.

As brocas de ponto único podem ser uma extremidade de uma broca de aço rápido ou uma aresta de uma ferramenta ou pastilha de corte de carboneto ou cerâmica. Basicamente, uma ponta de corte de ponto único é uma ferramenta que tem apenas uma ação de corte a decorrer de cada vez. Em suma, a ferramenta de ponta única divide-se em ferramenta de mão esquerda ou ferramenta de mão direita. No entanto, estas ferramentas são divididas de acordo com a sua operação, por exemplo, corte em bruto e acabamento.

Na figura 1.7 é apresentado um esboço simples de uma ferramenta de corte normal. Este tipo de ferramenta de corte é utilizado para faceamento, torneamento retilíneo, torneamento com torneira, torneamento por passos, etc. A ferramenta de corte esquerda e direita aqui apresentada indica que, durante a operação, a ferramenta de corte esquerda move-se da direita para a esquerda, enquanto a ferramenta de corte direita se move da direita para a esquerda durante a operação. As ferramentas de ranhurar fornecem ranhuras na peça de trabalho. Aqui, na ferramenta de corte de rosca, é fornecido um número de tipos de ferramentas que diferem consoante as suas arestas.

Como se pode ver na figura 1.8, a ferramenta de serrilha é utilizada para dar aderência à peça de trabalho cilíndrica. Na ferramenta de recartilhamento, os rolos estão em contacto direto com a peça de trabalho e, devido aos rolos de alimentação, criam uma aderência na peça de trabalho. Existem vários tipos diferentes de rolos disponíveis de acordo com a sua patente.

A ferramenta de mandrilamento é igual à broca de faceamento da máquina de torno, mas a principal diferença é que esta broca é montada com um tipo especial de suporte de ferramenta mostrado na figura 1.9, que é especialmente concebido para a operação de mandrilamento. Enquanto que na ferramenta de roscar é fornecida uma aresta através da ferramenta para que esta termine facilmente o furo e proporcione uma elevada precisão.

Uma ferramenta de perfuração, ilustrada na figura 1.10, é uma ferramenta equipada com um acessório de corte ou um acessório de acionamento, geralmente uma broca ou uma broca de acionamento, utilizada para fazer furos em vários materiais ou para fixar vários materiais com a utilização de fixadores. O acessório é agarrado por um mandril numa extremidade da broca e rodado enquanto é pressionado contra o material alvo.

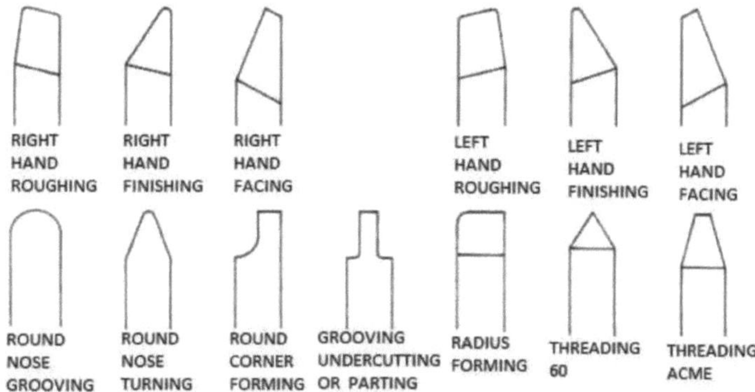

Figura n.º 1.7: - Esquema das ferramentas de corte standard

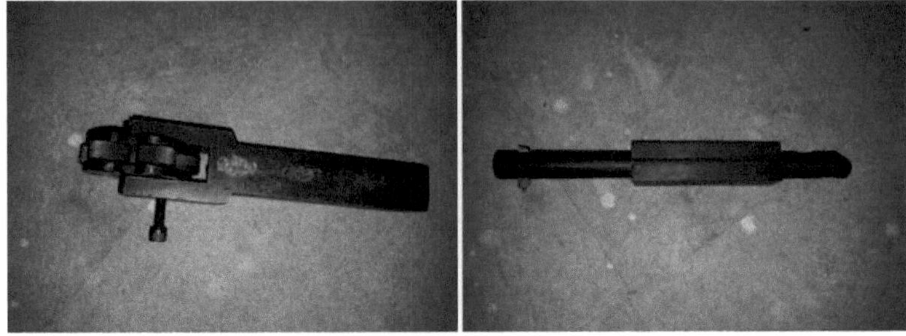

Figura n.º 1.8: - Ferramenta para serrilhar **Figura n.º 1.9: - Ferramenta de furar**

Figura No.1.10: - Ferramenta de perfuração

1.5 Visão geral da máquina CNC

O CNC ou controlo numérico computorizado é uma versão moderna de uma máquina NC (controlo numérico). O controlo numérico (NC) é a automatização de máquinas-ferramentas que são operadas por comandos programados abstratamente e codificados num suporte de armazenamento, em vez de serem controladas manualmente através de rodas manuais ou alavancas, ou mecanicamente automatizadas apenas através de cames.

Por outras palavras, podemos dizer que o Controlo Numérico Computadorizado (CNC) é aquele em que as funções e os movimentos de uma máquina-ferramenta são controlados por meio de um programa preparado que contém dados alfanuméricos codificados. O CNC pode controlar os movimentos da peça de trabalho ou da ferramenta, os parâmetros de entrada como o avanço, a profundidade de corte, a velocidade e as funções como ligar/desligar o fuso, ligar/desligar o líquido de refrigeração.

Na figura 1.11 é apresentado um centro de torneamento CNC. Podemos dizer que esta máquina é uma versão CNC da máquina de torno. A principal diferença entre a máquina manual e a máquina CNC reside nos componentes electrónicos que nela são utilizados.

As aplicações do CNC incluem tanto as áreas das máquinas-ferramenta como as áreas não relacionadas com as máquinas-ferramenta. Na categoria das máquinas-ferramentas, o CNC é utilizado para

- Peças com um contorno complicado
- Peças que exigem uma tolerância apertada
- As peças requerem gabaritos e fixações dispendiosos se forem produzidas numa máquina de torno convencional
- No caso de um erro humano ser extremamente dispendioso
- Peças que precisam de ser despachadas
- Pequenos lotes ou pequenas séries de produção

As vantagens de uma máquina CNC são as seguintes,

- elevada precisão no fabrico
- tempo de produção curto
- maior flexibilidade de fabrico
- mais simples com
- maquinagem de contornos
- Maquinação de 2 a 5 eixos
- Redução dos erros humanos.

No entanto, a máquina CNC tem alguns pontos negativos como

- Custo inicial e de manutenção elevados
- Necessidade de mão de obra especializada para a programação

1.5. 1Princípio de funcionamento da máquina CNC [12]

Para uma melhor explicação do princípio da máquina CNC, fornecemos um diagrama de blocos que é apresentado a seguir.

Na figura 1.12 é apresentado um diagrama de blocos da máquina CNC. De acordo com este diagrama, a ação do CNC inicia-se a partir da entrada. Na entrada, aplicamos um programa de qualquer componente específico que é escrito em linguagem codificada. Há muitas formas de entrada, como a disquete, a pen drive ou a ligação USB ou, em alguns casos, um computador está diretamente ligado a uma MCU.

A MCU contém duas partes: uma é a DPU ou unidade de processamento de dados e a segunda é a CPU ou unidade de circuito de controlo. A partir daí, a CPU processa os dados que são fornecidos num programa parcial e gera uma sequência de impulsos que accionam um sistema de acionamento. Depois, de acordo com o movimento do sistema de acionamento, é dado um feedback a uma CPU que controla o movimento da sequência de acionamento de acordo com os requisitos.

A MCU também apresenta os dados e o progresso do trabalho e outras informações necessárias da máquina no sistema de visualização. Aqui, o ecrã funciona como interface da máquina. Antigamente, utilizava-se um ecrã a preto e branco, mas atualmente utilizam-se ecrãs LED e LCD, que proporcionam uma melhor interface entre o controlador e o operador.

BLU ou Unidade de Comprimento Básico é uma unidade que corresponde à resolução de posição do eixo de movimento. Por exemplo, 1 BLU = 0,0001" significa que o eixo se moverá 0,0001" por cada impulso elétrico recebido pelo motor. A BLU é também designada por Bit (binary digit).

Figura No.1.11: - Centro de torneamento CNC

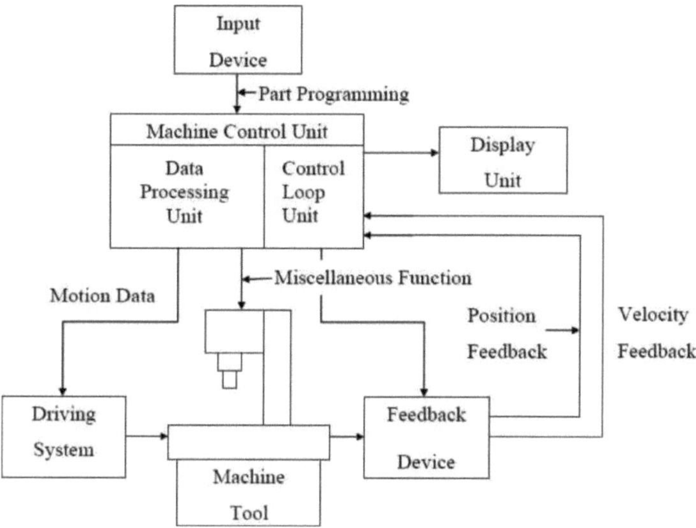

Figura No.1.12: - Princípio da máquina CNC

1.5.2Construção da máquina CNC

A máquina CNC é constituída por oito elementos de construção

- Dispositivo de entrada
- MCU
- Máquinas-ferramentas
- Ferramentas de condução
- Sistema de condução
- Unidade de feedback
- Unidade de visualização

1.5. 3Dispositivo de entrada

Existem várias formas de introdução de dados numa máquina CNC, que são apresentadas a seguir,

- Unidade de disquete
- Unidade flash USB
- Comunicação em série
- Comunicação Ethernet

- Programação convencional de peças

Acima de tudo, a unidade de disquete e a unidade flash USB funcionam basicamente com o mesmo princípio, mas diferem umas das outras no que respeita ao meio de entrada. Nestas unidades, uma parte dos programas é escrita inicialmente num PC ou portátil separado, depois este programa é copiado para uma disquete ou sistema de armazenamento USB e, em seguida, é carregado no controlo da máquina.

Na figura 1.13 é apresentado um cabo RS 232 e um conversor USB. Atualmente, devido à necessidade de uma taxa de produção elevada e de grandes instalações de produção, é utilizado este tipo de rede de comunicação em série. Neste tipo de meio de entrada, o PC ou o computador portátil liga-se diretamente a uma máquina CNC por meio de um cabo e de uma porta RS-232.

O RS-232 é um cabo e uma porta padronizados internacionalmente por uma norma EIA. Atualmente, quase todas as máquinas e PCs são construídos com a porta RS-232, que é o melhor meio para a entrada de dados, como mostra a figura 1.14.

A comunicação Ethernet não é mais do que a entrada na máquina CNC através de um cabo LAN que liga todas as máquinas ao computador central ou à sala de controlo. Desta forma, cada vez mais máquinas são ligadas ao computador central e obtém-se uma maior flexibilidade na produção. Como mostra a figura 1.15, vemos que num computador central todas as informações são alimentadas e, de acordo com os requisitos, este computador central comunica com uma máquina CNC e a maquinagem pode ser efectuada.

No entanto, em alguns casos em que é utilizado um menor número de máquinas ou em que a conceção dos componentes varia de máquina para máquina, o programa é aplicado diretamente através de um teclado incorporado na máquina. Este tipo de máquina tem um computador incorporado que está diretamente ligado a um controlador da máquina.

1.5. 4MCU

A unidade de controlo da máquina (MCU) é um microcomputador que armazena o programa e executa os comandos em acções da máquina-ferramenta. A MCU é composta por duas unidades principais: a unidade de processamento de dados (DPU) e a unidade de circuitos de controlo (CLU).

O software da DPU inclui software do sistema de controlo, algoritmos de cálculo, software de tradução que converte o programa de peças num formato utilizável para a MCU, algoritmo de interpolação para conseguir um movimento suave do cortador, edição do programa de peças (em caso de erros e alterações).

A DPU processa os dados do programa de peças e fornece-os à CLU, que opera os accionamentos ligados aos parafusos de avanço da máquina e recebe sinais de feedback sobre a posição e velocidade reais de cada um dos eixos. Um acionador (motor de corrente contínua) e um dispositivo de feedback estão ligados ao parafuso de avanço.

1.5. 5Máquina-ferramenta

Pode ser qualquer tipo de máquina-ferramenta utilizada para a máquina CNC, mas quando falamos de um torno ou de uma fresadora, existem apenas duas máquinas-ferramentas utilizadas para o movimento da ferramenta e da peça de trabalho, que são a guia linear e o fuso de esferas.

Estas máquinas-ferramentas são alimentadas principalmente por motores electrónicos, como o servomotor ou o motor de passo, mas são utilizados outros tipos de motores principais, como os motores hidráulicos ou os cilindros hidráulicos.

Esta corrediça ou guia linear apresentada na figura 1.17 é maquinada com uma precisão muito elevada e possui um revestimento marcial anti-desgaste, como PTFE e Turcite, para reduzir a aderência e o deslizamento da guia linear. Nesta guia são também fornecidas linhas de lubrificação extra para uma melhor lubrificação.

Esta corrediça ou guia linear é maquinada com uma precisão muito elevada e fornece um revestimento marcial anti-desgaste, como PTFE e Turcite, para reduzir a aderência e o deslizamento da guia linear. Nesta guia são também fornecidas linhas de lubrificação extra para uma melhor lubrificação.

Por outro lado, um fuso de esferas, ilustrado na figura 1.16, é um tipo de máquina-ferramenta que converte um movimento rotativo diretamente num movimento de revestimento. O fuso de esferas é diretamente acoplado a motores electrónicos que o accionam. O rendimento do fuso de esferas é de 90% devido ao contacto pontual e à quantidade muito reduzida de escória negra.

Figura n.º: - 1.13 RS-232 para porta USB série

Figura No.1.14: - Conversor de porta RS 232

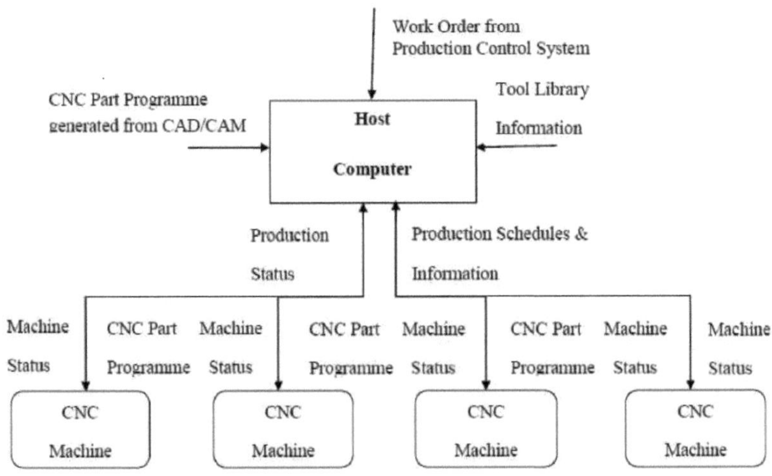

Figura No.1.15: - Rede Ethernet numa máquina CNC distribuída

Figura n.º 1.16: - Parafuso de esferas

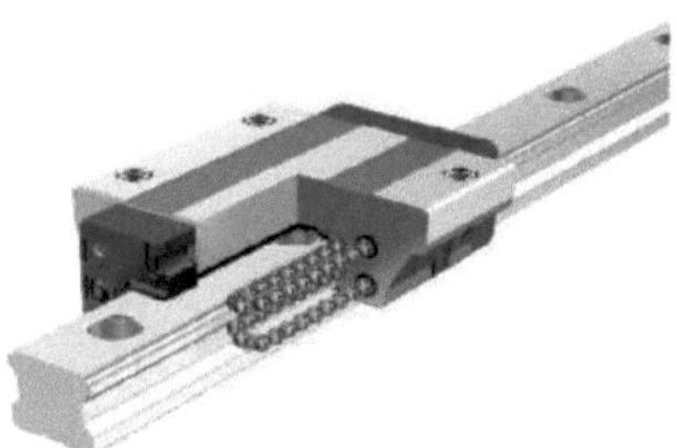

Figura n.º 1.17: - Guia linear

1.5. 6Sistema de condução [11]

O sistema de acionamento é o elemento mais importante do sistema CNC para a precisão e fiabilidade. Para uma elevada eficiência, é importante que o sistema de acionamento seja altamente preciso. Para o sistema de acionamento, são geralmente considerados dois motores básicos: o servomotor e o motor de passo.

A) Servo motor

O servo é um dispositivo mecânico motorizado que pode ser instruído para mover o eixo de saída ligado a uma roda ou braço servo para uma posição especificada. No interior da caixa do servo encontra-se um motor de corrente contínua ligado mecanicamente a um potenciómetro de feedback de posição, a uma caixa de velocidades, a um circuito eletrónico de controlo de feedback e a um circuito eletrónico de acionamento do motor.

Um servo de R/C típico, mostrado na figura 1.18, parece uma caixa retangular de plástico com um eixo rotativo a sair do topo da caixa e três fios eléctricos a saírem do lado do servo para um conetor de plástico de 3 pinos. Ligado ao veio de saída, na parte superior da caixa, encontra-se uma roda ou braço do servo.

Estas rodas ou braços são normalmente uma peça de plástico com orifícios para fixar hastes de empurrar/puxar, juntas esféricas ou outros dispositivos de ligação mecânica ao servo. Os três fios de ligação eléctrica que saem do lado são V- (terra), V+ (tensão positiva) e S Control (sinal). O fio de controlo S (Sinal) recebe sinais de Modulação de Largura de Impulso (PWM) enviados de um controlador externo e é convertido pelo circuito de placa do servo para operar o servo.

B) Motor de passo

Os motores passo a passo apresentados na figura 1.19 proporcionam um meio de posicionamento preciso e de controlo da velocidade sem a utilização de sensores de feedback. O funcionamento básico de um motor passo a passo permite que o veio se desloque um número preciso de graus de cada vez que é enviado um impulso de eletricidade para o motor. Uma vez que o veio do motor se move apenas o número de graus para que foi concebido quando cada impulso é enviado, é possível controlar os impulsos enviados e controlar o posicionamento e a velocidade. O rotor do motor produz binário a partir da interação entre o campo magnético no estator e no rotor. A força dos campos magnéticos é proporcional à quantidade de corrente enviada para o estator e ao número de voltas nos enrolamentos.

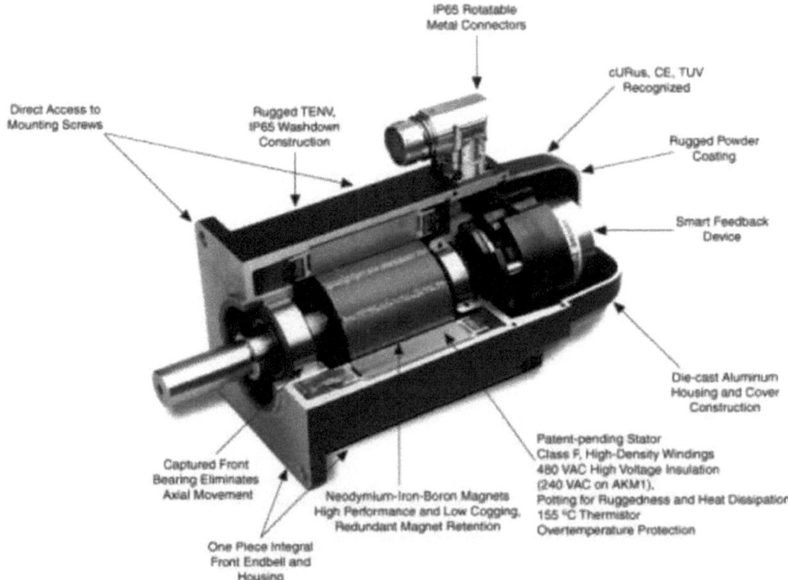

Figura n.º 1.18: - Servomotor

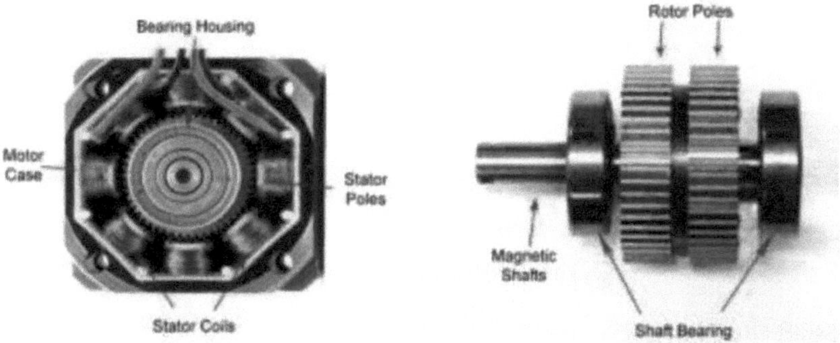

Figura n.º 1.19: - Motor passo a passo

1.5.7 Sistema de feedback [11]

Para que a máquina CNC funcione com precisão, o valor da posição e a velocidade dos eixos são continuamente actualizados. Para este efeito, existem dois tipos de sistemas de realimentação, a saber, a realimentação da posição e a realimentação da velocidade.

A) Feedback de posição

A realimentação de posição divide-se, em termos gerais, em duas partes: realimentação linear e realimentação rotativa.

Um codificador linear apresentado na figura 1.20 é um sensor, transdutor ou cabeça de leitura ligado a uma escala que codifica a posição. O sensor lê a escala e converte a posição num sinal analógico ou digital que é transformado numa leitura digital. O movimento é determinado a partir de alterações na posição com o tempo. Tanto os tipos de codificadores lineares ópticos como magnéticos funcionam utilizando este tipo de método. No entanto, são as suas propriedades físicas que os tornam diferentes.

Um codificador rotativo, também designado por codificador de veio, é um dispositivo eletromecânico que converte a posição angular ou o movimento de um veio ou eixo num código analógico ou digital. Existem dois tipos principais: absoluto e incremental (relativo).

A saída dos encoders absolutos indica a posição atual do eixo, tornando-os transdutores de ângulo. A saída dos encoders incrementais fornece informações sobre o movimento do eixo, que normalmente é processado noutro local em informações como velocidade, distância e posição.

Os codificadores rotativos ilustrados na figura 1.21 são utilizados em muitas aplicações que requerem uma rotação precisa e ilimitada do veio - incluindo controlos industriais, robótica, lentes fotográficas para fins especiais, dispositivos de entrada de dados de computador, como ratos mecânicos e trackballs, reómetros de tensão controlada e plataformas de radar rotativas.

B) Feedback de velocidade

Para a realimentação da velocidade, geralmente, é fornecido um tacómetro que é colocado na extremidade do fuso de esferas ou do veio. O tacómetro de corrente contínua gera uma tensão de acordo com a velocidade, que é transmitida a um controlador como feedback.

1.5. 8Unidade de visualização

A unidade de visualização é a interface entre o controlador e o operador. Todas as informações relacionadas com a máquina, a posição da ferramenta, a velocidade do fuso, o número da ferramenta, a vista 3D da peça de trabalho, etc., são apresentadas no ecrã.

Nos primeiros dias da máquina CNC, um ecrã a preto e branco é utilizado como unidade de visualização, mas devido à invenção moderna, hoje em dia é utilizado um ecrã a cores mais fiável, como o LCD ou o LED.

1.5.9Programação da máquina CNC [11]

A transferência de uma planta de engenharia de um produto para um programa de peças pode ser efectuada manualmente, utilizando uma calculadora, ou com a ajuda de uma linguagem informática. Um programador de peças deve ter um conhecimento profundo dos processos de maquinagem e das capacidades das máquinas-ferramentas. Nesta secção, descrevemos como os programadores de peças executam manualmente os programas de peças.

Em primeiro lugar, são determinados os parâmetros de maquinagem. Em segundo lugar, é avaliada a sequência óptima de operações. Em terceiro lugar, é calculada a trajetória da ferramenta. Em quarto lugar, escreve-se um programa. Cada linha do programa, designada por bloco, contém os dados necessários para a transferência de um ponto para o ponto seguinte.

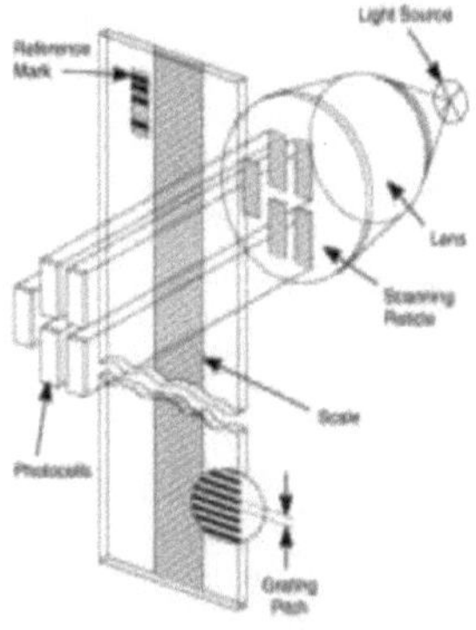

Figura No.1.20: - Codificador Linear

Figura No.1.21: -Codificador rotativo

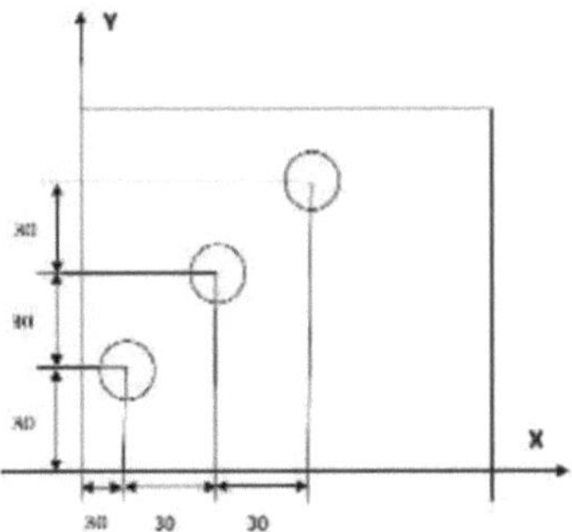

Figura No.1.22: - Sistema incremental

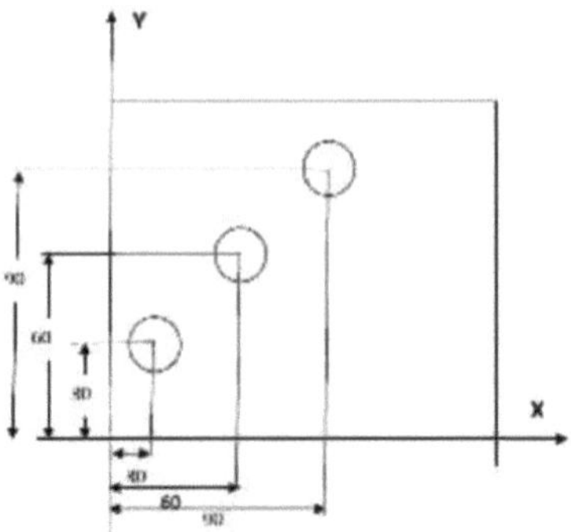

Figura No.1.23: - Sistema absoluto

1.5. 10Sistema de dimensões

Na máquina CNC a dimensão do componente para a programação da peça é dividida em dois tipos de sistemas Incremental e Absoluto.

Os sistemas CNC dividem-se ainda em sistemas incrementais e sistemas absolutos. No modo incremental, mostrado na figura 1.22, a distância é medida de um ponto a outro. Por exemplo, se se pretender efetuar cinco furos em locais diferentes, os comandos da posição x são x+500, +200, +600, -300, -700, -300.

Um sistema absoluto, mostrado na figura 1.23, é aquele em que todos os comandos de movimento são referidos a partir de um ponto de referência (ponto zero ou origem). Para o caso acima, os comandos da posição x são x 500,700, 1300, 1000, 300, 0, (Figura 8). Ambos os sistemas estão incorporados na maioria dos sistemas CNC. Para um operador inexperiente, é aconselhável utilizar o modo incremental.

1.5.11Estrutura da programação de peças

Para explicar a estrutura da programação de peças CNC, apresenta-se de seguida uma linha única de programação de peças CNC.

Exemplo: - N100 G91 X -5.0 Y7 .0 F100 S200 T01 M03 (EOB)

Tabela: - 1.2 Programação de peças Parâmetro

Function	Address
Sequence Number,	N
Preparatory Function	G
Linear coordinate words	X,Y,Z
Rotary coordinate word	A,B,C
Parameter for circular inter potation	I,J,K
Feed function	F
Tool function	T
Miscellaneous function	M

A partir do quadro acima, uma função preparatória (G) e uma função diversa (M) têm uma lista de códigos que é dada a seguir.

Os códigos G são:

G00 Posicionamento Linear Rápido

G01 Interpolação do avanço linear

G02 Interpolação circular CW

G03 Interpolação circular CCW

G04 Dwell

G07 Designação do eixo imaginário

G09 Paragem exacta

Definição do valor de desvio G10

G17 Seleção do plano XY

Seleção do plano G18 ZX

G19 YZ plano Seleção

G20 Entrada em polegadas

G21 Entrada em milímetros

G22 Limite de curso armazenado ligado

G23 Limite do curso armazenado desligado

G27 Verificação do retorno do ponto de referência

G28 Regresso ao ponto de referência

G29 Regresso do ponto de referência

G30 Retorno à 2ª, 3ª e 4ª Ref. PoiG31 Corte por saltos

G33 Corte de roscas

G40 Cancelamento da compensação do cortador

G41 Compensação do cortador Esquerda

G42 Compensação da fresa direita

G43 Compensação do comprimento da ferramenta + direção

G44 Compensação do comprimento da ferramenta - Direção

Aumento do desvio da ferramenta G45

G46 Desvio de ferramenta duplo

Aumento duplo do desvio da ferramenta G47

G48 Desvio da Ferramenta Dupla Diminuição

G49 Cancelamento da compensação do comprimento da ferramenta

G50 Desativação da escala

G51 Escalonamento ligado

G52 Definição do sistema de coordenadas local

G54 Seleção do sistema de coordenadas de trabalho 1

G55 Seleção do sistema de coordenadas de trabalho 2

G56 Seleção do sistema de coordenadas de trabalho 3

G57 Seleção do sistema de coordenadas de trabalho 4

G58 Seleção do sistema de coordenadas de trabalho 5

G59 Seleção do sistema de coordenadas de trabalho 6

G60 Posicionamento de direção única

G61 Modo de paragem exacta

G64 Modo de corte

G65 Macro personalizada Chamada simples

G66 Chamada modal de macro personalizada

G67 Macro Personalizada Cancelamento de Chamada Modal

G68 Rotação do sistema de coordenadas On

G69 Rotação do sistema de coordenadas Off

G73 Ciclo de perfuração Peck

G74 Ciclo de contra-perfuração

G76 Mandrilamento fino
G80 Cancelar ciclo enlatado
G81 Ciclo de furação, mandrilamento por pontos
G82 Ciclo de furação, contra-furo
G83 Ciclo de perfuração Peck
G84 Ciclo de roscagem
Ciclo de furação G85
Ciclo de perfuração G86
G87 Ciclo de perfuração do dorso
Ciclo de furação G88
G89 Ciclo de furação
Programação absoluta G90
G91 Programação incremental
G92 Programação do zero absoluto
G94 Alimentação por minuto
G95 Alimentação por rotação
G96 Controlo da velocidade constante da superfície
G97 Controlo da velocidade constante da superfície Cancelar
G98 Regresso ao ponto inicial em ciclos fixos
G99 Retorno ao ponto R em ciclos enlatados

Os códigos M são:

M00 Paragem do programa
M01 Paragem opcional
M02 Fim do programa
M03 Fuso em CW
M04 Fuso em CCW
M05 Paragem do fuso
M06 Troca de ferramentas
M07 Névoa de líquido de refrigeração ligada
M08 Inundação do líquido de refrigeração ligado
M09 Líquido de refrigeração desligado
Orientação do fuso M19 Ligado
M20 Orientação do fuso Off
M21 Tool Magazine Direito
Carregador de ferramentas M22 esquerdo
M23 Tool Magazine Up

Carregador de ferramentas M24 para baixo

Grampo de ferramentas M25

M26 Ferramenta de desbloqueio

M27 Embraiagem Neutro Ligado

M28 Neutro da embraiagem desligado

M30 Terminar programa, parar e rebobinar

Subprograma de chamada M98

M99 Fim do subprograma

Capítulo 2

Revisão da literatura

Em 1984, o Departamento de Engenharia Mecânica do IIT, Nova Deli[1] , adoptou um tema de investigação designado "Análise de dados de falhas de máquinas-ferramenta para aplicação de monitorização de condições". Com o desenvolvimento da tecnologia de fabrico moderna, os sistemas de fabrico flexíveis tornaram-se um equipamento fundamental na automatização das fábricas. A máquina-ferramenta é o coração dos sistemas de fabrico flexíveis. Por exemplo, o torno mecânico é o tipo geral de máquina-ferramenta utilizado por quase todos os FMS. Durante o funcionamento desta máquina-ferramenta, a indústria depara-se com diferentes tipos de falhas. Um estudo sistemático dessas falhas pode ajudar a identificar o subsistema crítico destas máquinas-ferramentas. O presente documento trata da identificação do subsistema crítico com base na análise dos dados de avarias de diferentes tipos de máquinas-ferramentas.

Inicialmente, o torno foi classificado em vários subsistemas, como mostra a figura. A frequência de falhas para cada subsistema e os modos de falha foram considerados para descobrir o subsistema mais fraco. Na análise, a frequência de falhas e o tempo de inatividade foram tidos em consideração para decidir quais os subsistemas críticos das máquinas-ferramentas. Pode observar-se que as falhas máximas ocorreram nos subsistemas do cabeçote e do carro. Estes subsistemas enfrentam falhas em componentes como a engrenagem, a chumaceira da caixa de velocidades, a chumaceira do fuso, a embraiagem e a lança transversal. Neste caso, pode observar-se que as falhas nas chumaceiras provocam tempos de inatividade mais longos.

No histograma, os diferentes modos de falha e as suas frequências relativas de falha foram agrupados em quatro modos de falha: danos nos componentes, fusível queimado, falha no circuito e folga. Pode observar-se que o modo de falha dominante se deve a danos nos componentes. Os componentes são das categorias eléctrica, eletrónica e mecânica, como mostra a figura 5.1.

Em 2005, Kriangkrai Waiyagan & E.L.J. Bohez[2] do Department of Design and Manufacturing Engineering, Asian Institute of Technology, Tailândia, publicaram um artigo intitulado Intelligent Feature Based Process Planning for Five-Axis Lathe. O principal objetivo do seu artigo é propor um novo modelo de caraterísticas de maquinagem centrado em caraterísticas de maquinagem 5 D.

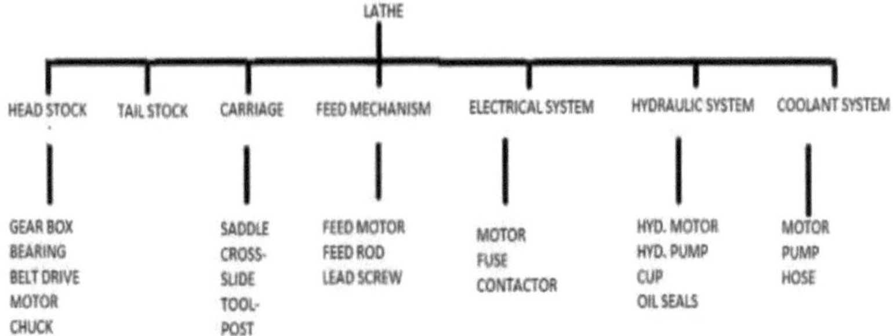

Figura No.2.1: - Peças de desgaste da máquina de torno convencional

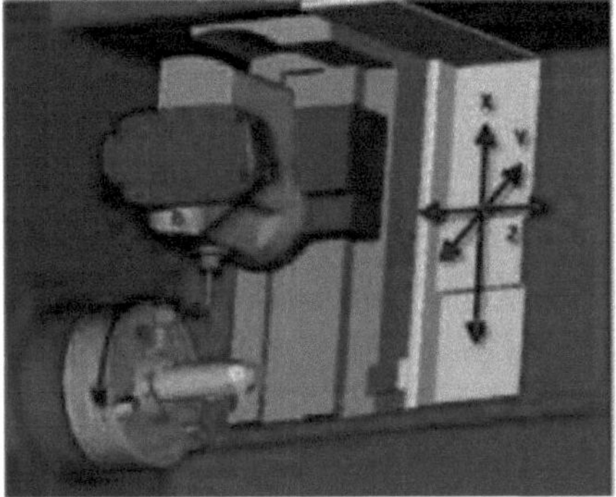

Figura No.2.2: - Configuração do torno de cinco eixos

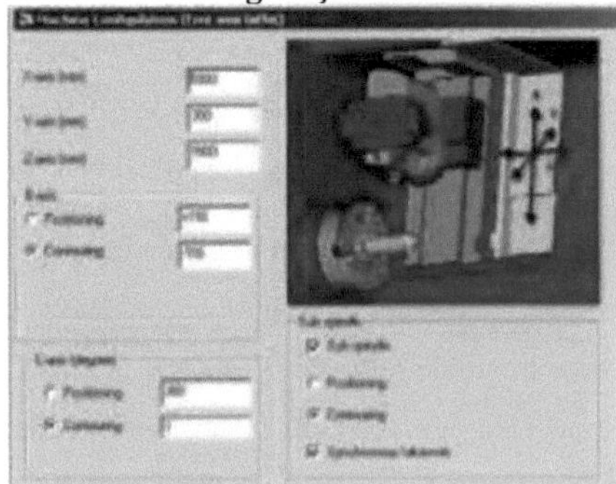

Figura No.2.3: - Janela de configuração

São introduzidas as caraterísticas de maquinagem que descrevem uma peça Prisronal, que inclui caraterísticas prismáticas e rotacionais. O modelo não só tem em conta as entidades geométricas e os aspectos de fabrico, como também inclui processos de maquinagem e regras baseadas no conhecimento para o sistema de planeamento inteligente de processos de um torno de cinco eixos. As entidades geométricas são especificadas através da definição de parâmetros de caraterísticas correspondentes à forma da caraterística. Os aspectos de fabrico incluem as propriedades da peça em bruto, as configurações e os dados tecnológicos, como as tolerâncias e o acabamento da superfície. Os processos de maquinagem e as regras baseadas no conhecimento associadas a cada caraterística são utilizados como restrições para orientar o sistema na seleção automática de operações de maquinagem adequadas. Finalmente, é demonstrada a implementação piloto de caraterísticas de maquinagem para seleção de operações. A figura mostra a configuração do projeto de uma máquina de torno de cinco eixos.

A figura 2.2 mostra uma configuração de um torno de cinco eixos e a figura 2.3 mostra a janela de configuração. O eixo B possibilita cortes com ângulos compostos e dá à máquina suporte total para fresagem de forma livre simultânea em 5 eixos. Quando o eixo B está equipado com fusos duplos, o eixo B permite efetuar operações de fresagem e torneamento na frente e no verso de uma peça de trabalho. Assim, a peça inteira pode ser completada numa única configuração. Formas extremamente complexas, tais como veios com ranhuras, ranhuras em ângulos compostos, peças cilíndricas com caraterísticas fresadas em ângulos compostos ou peças multi-faces, cavidades de moldes, impulsores, furos profundos excêntricos e peças de turbina podem ser completamente maquinadas numa única configuração. A máquina oferece vantagens como o aumento da precisão das peças, a redução significativa do tempo de preparação, a diminuição do custo de preparação dos dispositivos de fixação e o aumento total da produtividade. A capacidade de maquinar peças complexas numa única configuração é introduzida em dois tipos de aplicações de fabrico: (a) adequada para produzir protótipos e (b) produzir rapidamente pequenos lotes de peças de elevado valor. Devido ao facto de o torno de cinco eixos não ser concebido para a produção de peças em quantidade. Informações adicionais sobre a máquina-ferramenta podem ser encontradas no artigo online da MMS

Concluiu que o nome "Prisronal" serve para descrever um conjunto de peças que combinam caraterísticas prismáticas e rotacionais normalmente encontradas nas indústrias automóvel, aeroespacial e de ferramentas. As peças Prisronal podem ser maquinadas completamente nos processos de fresagem e torneamento numa única configuração num torno de cinco eixos, incluindo totalmente os eixos X, Z, C, **B** e Y. O conceito de caraterística é uma abordagem atractiva para fornecer definições de produto adequadas. No início, foi apresentada a estrutura hierárquica em árvore das caraterísticas de maquinagem classificadas por números de eixos de maquinagem. Além disso, foi proposto um novo modelo de definição de caraterísticas de maquinagem que tem em conta entidades geométricas, aspectos de fabrico, processos de maquinagem e regras baseadas no conhecimento. Em seguida, foi ilustrada uma parte das caraterísticas de maquinagem 3D e 5D associadas a processos de maquinagem e a uma regra baseada no conhecimento para um torno de cinco eixos. O sistema permite que um utilizador que abra um ficheiro CAD (formato STEP) identifique as caraterísticas da peça de trabalho seguindo as caraterísticas de maquinagem na biblioteca. O utilizador tem de fornecer manualmente ao sistema os parâmetros necessários. Posteriormente, o sistema pericial é executado para mostrar os resultados. A implementação piloto utilizando o sistema pericial mostra que o modelo proposto de definição de caraterísticas de maquinagem associado a processos de maquinagem e regras baseadas no conhecimento é adequado e bem sucedido para o sistema de seleção de operações de maquinagem.

Em 2007, Yukinaga SasazaWa, Kazuhiko Matsumoto, Tsutomu Tokuma[10] inventaram o torno composto. Para fornecer um torno composto que permita a sobreposição de áreas de movimento sem reduzir a rigidez de suporte de uma coluna de ferramentas e, assim, melhorar a capacidade da máquina. Um plano de suporte XY A, através do qual um poste de ferramenta é suportado para ser movido na direção do eixo X, é colocado de forma não paralela a um plano de suporte XZ B, através do qual um terceiro fuso é suportado para ser movido na direção do eixo X, e um eixo do movimento na direção do eixo X do poste de ferramenta é colocado à parte na direção do eixo Y de um eixo do movimento na direção do eixo X do terceiro fuso.

Em 2008, Eric R. Larsen, Marion B. Grant, Michael P. Vogel[8] é inventado sobre o CNC prescreve um método para incentivar a quebra de aparas. A peça de trabalho é mantida/fixada no cabeçote e gira o fuso a algumas rpm (rotações por minuto) e aplica pressão sobre a peça de trabalho através da ferramenta de corte. Quando o processo de maquinagem (corte, faceamento, corte de metal) é efectuado na peça de trabalho, o metal é removido sob a forma de apara devido à temperatura e à pressão.

Em 2008, Zin Ei Ei Win, Than Naing Win, Jr., e Seine Lei Winn[3] , Academia Mundial de Ciência, Engenharia e Tecnologia, conceberam um circuito hidráulico para uma máquina de torno CNC convertida a partir de uma máquina de torno convencional. Para desenvolver e transformar uma máquina de torno de controlo semiautomático, são necessárias três partes: mecânica, eletrónica e mecatrónica. Do ponto de vista mecânico, a conceção do circuito hidráulico é extremamente necessária. São analisadas as funções dos circuitos hidráulicos do torno de controlo semi-automático. Estas consistem na mudança da ferramenta, no funcionamento dos processos de maquinagem e na localização da ferramenta na torre. Neste trabalho de investigação, o projeto do circuito hidráulico que permite mudar quatro tipos de ferramentas utilizando um motor hidráulico é feito e também construído. O circuito hidráulico inclui uma bomba de palhetas, um motor hidráulico e duas válvulas de controlo direcional para mudar a ferramenta: uma válvula de 4/3 vias e uma válvula de 4/2 vias. A função de transferência de cada componente é derivada e todo o sistema é analisado na sua tese.

Atualmente, os produtos podem ser produzidos através da tecnologia moderna, que utiliza software, hardware e firm ware nas indústrias. É necessário utilizar uma máquina de torno CNC para obter dimensões mais precisas e formas irregulares. Assim, as máquinas CNC estão a tornar-se cada vez mais importantes na industrialização modernizada. Existem muitas máquinas de torno convencionais no nosso país. Para construir um novo país moderno e desenvolvido, é necessário converter estas máquinas de torno convencionais em máquinas de torno de controlo semi-automático.

Em 2008, o Departamento de Engenharia Mecânica da Universidade de Auckland[4] pesquisou uma edição especial sobre os recentes avanços na automação flexível. A automatização flexível adquiriu muitos novos conceitos, tecnologias e práticas. Este processo de evolução resultou em numerosas terminologias novas em substituição da automatização flexível. O objetivo final mantém-se - capacitar a indústria moderna com diferentes "versões" de tecnologias de automação, de modo a satisfazer um mercado sempre diversificado e em constante mudança. São doze os artigos incluídos nesta edição especial. Podem ser agrupados em três categorias: (1) Novos avanços na frente do CNC, (2) Avanços no hardware de automação, (3) Programação inteligente no FMS. A automatização flexível como tema de investigação existe há pelo menos meio século.

1) Ao longo dos anos, a maioria dos sistemas de automatização flexíveis tem como principal equipamento de fabrico as máquinas-ferramentas com controlo numérico computorizado (CNC). Os códigos G têm sido amplamente utilizados pelas máquinas-ferramentas CNC para a programação de peças e são atualmente considerados como um obstáculo ao desenvolvimento de máquinas CNC da próxima geração. O modelo de dados representa uma norma comum

especificamente destinada à estação de trabalho de fabrico CNC inteligente, tornando realidade o objetivo de um controlador CNC normalizado e de uma instalação de geração de dados NC.

2) O desenvolvimento de hardware para sistemas de automação não parou e talvez nunca venha a parar. Há três artigos nesta edição que discutem alguns dos avanços relacionados com o hardware de automação, por exemplo, veículos guiados automaticamente (AGVs), manipulador mestre-escravo e maquinação flexível de pinos de pistão não cilíndricos. Este tipo de FMS visa uma elevada eficiência de produção através do autocontrolo ou da descentralização do plano, da conceção e do funcionamento de um FMS.

3) É quase impossível obter uma solução quase óptima através das heurísticas de expedição. Foi desenvolvido um método de otimização descentralizado para a programação da produção, o encaminhamento de transportes para AGVs e o planeamento de movimentos para robôs de manuseamento de materiais. O sistema é composto por um agente de processo que cria o programa de produção, agentes AGV para gerar rotas sem colisões para múltiplos AGVs e um agente de manuseamento que determina o planeamento de movimentos para o sistema de manuseamento de materiais.

Em 2012, Yen-Ku Chen, Yueh-Hsun King[7] inventaram o interrutor de controlo remoto de máquinas CNC. Uma máquina de controlo numérico computorizado (CNC) inclui uma caixa, uma ficha de comunicação, interruptores de controlo e um circuito de controlo. O circuito de controlo inclui uma unidade de controlo do primeiro interrutor para receber um sinal do primeiro interrutor, uma unidade de controlo do segundo interrutor para receber sinais do segundo interrutor, uma unidade de controlo, uma unidade de conversão de sinal de comando, uma unidade de geração de sinal de impulso e uma unidade de saída de sinal de operação. A unidade de controlo recebe o primeiro e o segundo sinais de comutação, determina o modo de trabalho da máquina CNC de acordo com o primeiro sinal de comutação e converte os segundos sinais de comutação em sinais de comando. A unidade de conversão de sinais de comando converte os sinais de comando em sinais de operação. A unidade de geração de sinais de impulsos gera sinais de impulsos. A unidade de saída do sinal de funcionamento emite os sinais de funcionamento e os sinais de impulso para a máquina CNC através da ficha de comunicação.

Em 2013, V. Roy & S. Kumar[5] do J Institute Engineering, Índia, publicaram o desenvolvimento de um acessório de máquina de torno para máquina CNC. Ele desenvolveu um acessório para uma máquina CNC existente. A máquina CNC funciona com controlos mecatrónicos e uma interface de computador chamada CAMSOFT e é utilizada como um torno CNC após a instalação do respetivo acessório. Concebeu o acessório utilizando software CAD e fabricou diferentes modelos. O modelo foi projetado e fabricado com sucesso. O funcionamento do acessório de torno CNC é testado e verificado através de operações de maquinagem adequadas, como torneamento e corte de roscas. As operações de maquinagem são efectuadas com êxito. A máquina CNC torna-se multifuncional com o acessório de torno atualmente desenvolvido e pode ser utilizada em conformidade, instalando-lhe o respetivo acessório. A máquina CNC é útil para trabalhos de investigação em ambos os domínios, quando instalada com o acessório adequado. A figura do acessório desenvolvido é apresentada a seguir,

O projeto desenvolvido, apresentado na figura 2.4, é implementado com êxito no trabalho proposto para o desenvolvimento do acessório de torno, incluindo o cabeçote, o cabeçote móvel e a coluna de ferramentas. O trabalho mostra o processo do desenho concetual e a utilização do planeamento adequado do processo para o desenvolvimento dos diferentes componentes do acessório de torno. O acessório anterior e o acessório de torno desenvolvido tornam a máquina CNC multifuncional. Assim, podem ser realizadas mais investigações em ambos os domínios, respetivamente. A máquina CNC baseia-se nos controlos mecatrónicos e na interface informática CAMSOFT. Várias operações de torno, como o torneamento simples, o torneamento em degrau, o torneamento cónico, o torneamento em arco, as operações de roscagem e o fabrico de um parafuso, são executadas com êxito na máquina CNC, quando instalada com o acessório de torno. O desenvolvimento bem sucedido do acessório de torno para a máquina CNC é efectuado.

Em 2013, M. Moses e o Dr. Denis Ashok[6] M. Tech, Mecatrónica da Escola de Ciências Mecânicas e da Construção, Universidade VIT, Vellore, Índia, publicaram um artigo intitulado "Desenvolvimento de uma nova configuração de maquinagem para um processo de torneamento energeticamente eficiente". Este artigo centra-se na produção de um produto de qualidade numa máquina de torno com menor consumo de energia.

Figura No.2.4: - Anexo desenvolvido

Figura n.º 2.5: - Instalação da máquina

Figura No.2.6: - Teste da configuração

Para o efeito, é desenvolvida uma configuração especial no torno mecânico para o torneamento e o acabamento dos componentes, como se mostra na figura 2.5, para obter um produto de qualidade e também para melhorar a produtividade. Como resultado desta nova abordagem, pode poupar-se uma grande quantidade de energia, obter-se um produto de qualidade e aumentar a vida útil da ferramenta. O estudo teve como objetivo avaliar o melhor ambiente de processo que pudesse satisfazer simultaneamente os requisitos de qualidade e produtividade. Através da realização de muitas experiências mostradas na figura 2.6, verificou-se que este processo de configuração especial melhora a qualidade e também reduz o consumo de energia em comparação com o processo existente.

Concluiu que a adição de uma ferramenta de acabamento de superfície no processo de torneamento ajuda a melhorar o acabamento da superfície e esta configuração aumenta a vida útil da ferramenta de torneamento. A partir dos resultados experimentais, confirma-se que não há alteração do consumo de energia, mesmo após a utilização adicional da ferramenta de acabamento de superfície. Assim, a configuração será útil para melhorar a qualidade do produto, com menor carga e consumo de energia.

Em 2013, Karl-Heinz Schumacher[9] inventou o torno multifuso. Torno de múltiplos fusos compreendendo uma estrutura de máquina como tambor de fuso que está disposto na estrutura da máquina é rotativo em torno de um eixo do tambor de fuso e é composto, pelo menos parcialmente, de segmentos que são cortados a partir de material plano numa direção de empilhamento paralela ao eixo do tambor de fuso e estendem-se em planos de empilhamento transversais à direção de empilhamento estes segmentos com recortes de receção e recortes de canais de arrefecimento que se sobrepõem uns aos outros, de modo a que o tambor do mandril tenha receptáculos para motores de mandril e um sistema de canais de arrefecimento separados por teias de parede caracterizadas pelo facto de o sistema de canais de arrefecimento ter vários subsistemas de canais para um meio de arrefecimento líquido que são alimentados em paralelo.

Capítulo 3

Trabalho efectuado

3. 1Plano de trabalho

Quadro 3.1 Plano de trabalho

Month-Year	July 13	Aug 13	Sep 13	Oct 13	Nov 13	Dec 13	Jan 14	Feb 14	Mar 14	Apr 14
Topic search and selection										
Gather Technical & Cost Information										
Approval Grant from Trustees										
Visit different related Industry										
Selection of machine & make a BOM										
Purchase some Parts from different manufacturer										
Report writing for phase-1										
Dimensionally design required parts										
Fabrication & Manufactured required parts										
Remove non-used parts & Assemble new manufactured parts										
Assemble all parts & testing machine										
Make number of Job on machine										
Comparisons of Job manufactured from Conventional Lathe & Retrofitted Lathe										
Comparisons between Conventional Lathe & Retrofitted Lathe										
Report writing for final presentation										

Para a minha dissertação, preparei um plano de trabalho que é apresentado no quadro n.º 3.1. 3.1. Dividi todo o trabalho em meses para um melhor planeamento e conclusão num curto espaço de tempo. Na tabela, a célula verde indica que uma atividade relacionada é realizada nos respectivos meses e anos.

De acordo com o meu plano de trabalho, recolho as informações relacionadas com a adaptação de uma máquina de torno, tendo em conta o ponto de vista técnico e de custos. A partir daí, selecciono o método de adaptação baseado no motor de passo de entre os diferentes tipos de métodos de adaptação, como o baseado no PLC, no servomotor, no motor de passo, no PC, etc. Em seguida, aprovei o subsídio dos meus administradores para desenvolver este tipo de máquina. A máquina CNC é utilizada pelos estudantes de engenharia mecânica para os seus trabalhos práticos. Após a aprovação do financiamento, visitei diferentes indústrias em Rajkot e Ahmadabad, onde estudei o processo de reequipamento de uma máquina de torno.

Encontro e procuro informações relacionadas com peças mecânicas como parafuso de avanço, fuso, ferramentas, etc. Também encontro informações relacionadas com o funcionamento do torno e problemas relacionados com a máquina de torno. Em seguida, obtenho algumas informações sobre a máquina CNC e os seus elementos, como o controlador, as máquinas-ferramentas, o princípio de funcionamento e a programação de peças, etc.

Neste caso, são necessárias informações sobre o torno mecânico e a máquina CNC, uma vez que a adaptação requer conhecimentos sobre o torno mecânico e a máquina CNC. Referi-me a algumas patentes e trabalhos de investigação e analisei tudo isso para a nova ideia para o trabalho de dissertação. Além disso, encontrei informações relacionadas com os factores que afectam a eficiência do torno mecânico e da máquina CNC e também obtive conhecimentos sobre os passos para reduzir o efeito desses factores.

Tendo um conhecimento profundo da máquina de torno e da máquina CNC, é selecionada uma máquina de torno do laboratório de fabrico e a lista de materiais necessários para converter a máquina de torno convencional em máquina de torno adaptada, utilizando o método baseado no motor de passo de adaptação.

Depois disso, comecei a comprar peças electrónicas e, em seguida, a desenhar dimensionalmente alguns componentes mecânicos ou a fabricar algumas peças para a máquina de lista adaptada, que é descrita no procedimento passo a passo de adaptação em torno convencional com figura.

3.2Fatura do material

Quadro n.º: - 3.2 Lista de materiais

BILL OF MATERIAL					
Sr No	**Name of Component**	**Company**	**Qty**	**Prize (Rs.)**	**Total (Rs.)**
1	Lathe Machine	Vimal Machine Tools	1	65,000	65,000
2	CNC Controller	Adtech lathe CNC controller	1	71,000	71,000
3	Stepper Motor	Lead shine Technology Co. Ltd.	2	10,000	20,000
4	Stepper Driver 4A	Lead shine Technology Co. Ltd.	2	5,500	11,000
5	Proximity switch	Siemens	2	700	1,400
6	Spindle drive	Fuji electronics	1	13,000	13,000
7	Control Panel	Vision Mechatronics	1	20,000	20,000
8	Enclosure for CNC Controller	Fabricated	1	2,500	2,500
9	Enclosure for Control Panel	Fabricated	1	7,500	7,500
10	Ball Screw for X-axis	PMI	1	5,500	5,500
11	Ball Screw for Z-axis	PMI	1	11,500	11,500
12	Z-Axis ball screw Nut	PMI	1	2,200	2,200
13	X-Axis ball screw Nut	PMI	1	1,500	1,500
14	Z-Axis ball screw mounting brackets	Manufacture	2	600	1,200
15	Z-Axis Nut mounting Housing	Manufacture	1	950	950
16	X-Axis ball screw mounting brackets	Manufacture	1	450	450
17	X-Axis Nut mounting Housing	Manufacture	1	650	650
18	Pulley for Axis motor	Manufacture	2	450	900
19	Turcide	Size: - 16 sq inch	-	110/sq inch	1760
20	Timing Belt	Contitech Synchro	2	350	700
21	End Bearing	SKF	6	550	3,300
20	Mounting for Stepper Motor	Fabricated	2	250	500
21	Mounting for Proximity Switch	Fabricated	1	200	200
22	Mounting for Spindle drive	Fabricated	1	350	350
				Total	**2,43,060**

3.3 Procedimento de reequipamento numa máquina de torno convencional

Aqui dividi o processo de construção completo em cinco passos. Nestas, desenvolvi a máquina de torno completa adaptada a partir de uma máquina de torno convencional. Todos estes passos estão listados abaixo,

- Passo 1: - Compra de peças electrónicas
- Passo 2:- Desmontar algumas peças do torno mecânico convencional
- Passo 3:- Conceção dimensional e fabrico das peças mecânicas necessárias
- Passo 4:- Montagem de todas as peças fabricadas e peças electrónicas no local pretendido
- Etapa 5: - Inspeção e ensaio da nova máquina de torno desenvolvida e adaptada

Todas as etapas acima são explicadas com a respectiva figura abaixo.

3.3.1Fase 1: - Compra de peças electrónicas

De acordo com as minhas necessidades e limitações de custos, aconselhei-me diretamente junto da indústria, nomeadamente a Vision Mechatronic, Ahmadabad, para a aquisição de componentes electrónicos. Com base nas suas orientações, decidi adquirir um motor passo a passo, um acionamento passo a passo para os eixos Z e X, um acionamento do fuso para alterar as RPM do motor do fuso, um controlador para operar todas as funções e um painel de controlo.

A especificação e a capacidade de todos os componentes electrónicos são indicadas a seguir.

Quadro n.º: - 3.3 Especificação da parte eletrónica

Name of Part	Specification	Made By
Stepper Motor	90 kg/cm – Capacity	Lead shine Technology
Stepper Drive	80V, 4A – Required Input	Lead shine Technology
Spindle Drive	440V, 3ø – Required Input	Fuji Electronics
Controller	24V – Required Input	Adtech Lathe CNC
Proximity Switch	24V – Required Input	Siemens

3.3.2 Passo 2: - Desmontar as peças do torno mecânico convencional

De acordo com a definição do processo de reequipamento, tenho de retirar as peças não utilizadas da máquina de torno convencional ou substituí-las por outras peças necessárias. Para tal, é necessário começar por desmontar todas as peças para uma melhor limpeza e inspeção da qualidade das mesmas. Em seguida, retirar as peças que não são necessárias na máquina de torno adaptada.

No processo de desmontagem, algumas peças são desmontadas permanentemente da máquina, como mostra a figura 3.1. O controlador da máquina de torno adaptada tem capacidade para efetuar operações de roscagem e a velocidade de avanço pode ser alterada pelo controlador. Assim, este tipo de mecanismo de engrenagem não é necessário na nova máquina desenvolvida.

Uma vez que o parafuso de avanço é substituído por um parafuso de esferas e a operação é efectuada através do programa do controlador, o avental e o parafuso de avanço apresentados na figura 3.2 não são necessários. Além disso, o controlador dispõe de um gerador de impulsos manual (MPG) que é útil para efetuar operações manuais em ambos os eixos; por conseguinte, não é necessário um volante.

Como já foi referido, o parafuso de avanço é substituído por um parafuso de esferas, pelo que o parafuso de avanço do eixo X também não é utilizado. É então evidente que, se o parafuso de avanço for retirado da máquina, os suportes de montagem apresentados na figura 3.3 também são retirados, sendo substituídos por novos suportes de montagem do fuso de esferas.

Enquanto algumas peças são desmontadas temporariamente para fins de maquinagem ou para aumentar a sua vida útil. As peças desmontadas temporariamente são as seguintes.

1. carro de transporte
2. Sela
3. repouso composto
4. Ferramenta de correio
5. Estoque de cauda

Figura No.3.1: - Mecanismo de engrenagem e suas partes

Figura n.º 3.2: - Avental, parafuso de avanço (eixo Z), roda manual da corrediça principal

Figura n.º 3.3: - Suportes de montagem do parafuso de avanço e parafuso de avanço do eixo X

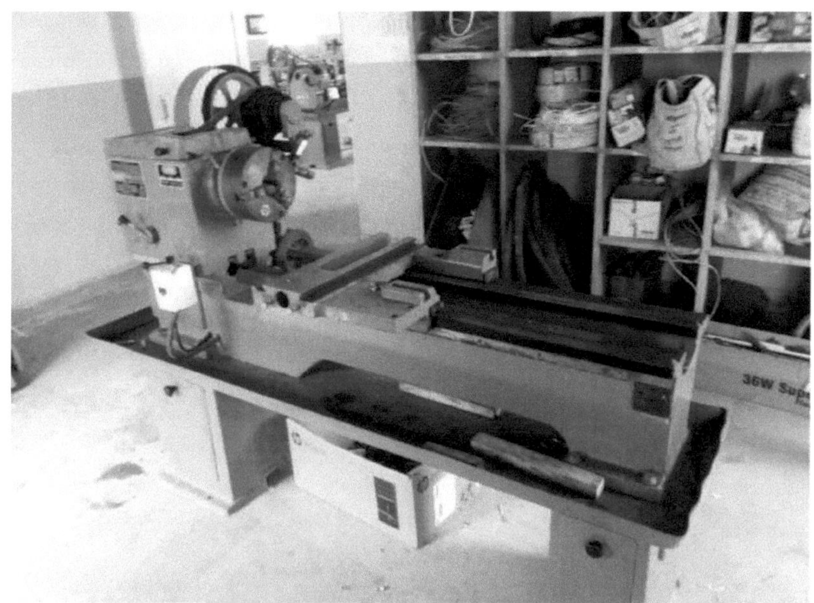

Figura No.3.4: - Peças desmontadas da máquina de torno

Figura No.3.5: - Turcide no carro e na corrediça do selim

Para diminuir o atrito na corrediça e aumentar a vida útil da peça, utilizei turcide, que é feito de poli tetra fluro etileno (PTFE) e bronze. O turcide forma uma camada na superfície de deslizamento, pelo que a fricção pode ser reduzida e o desgaste da corrediça também reduzido a zero.

A figura seguinte mostra o turco com o selim e o carro.

3.3.3Etapa 3:-Desenho dimensional, fabrico e produção das peças mecânicas necessárias

Como referido anteriormente, as peças não utilizadas são retiradas da máquina e são montadas peças novas na máquina. O parafuso de avanço é substituído por um parafuso de esferas, pelo que, antes de mais, o parafuso de esferas é concebido em termos dimensionais. Para isso, medi o comprimento da corrediça principal, que é de 1200 mm, e, por conseguinte, comprei um parafuso de esferas de 1100 mm de comprimento para o eixo Z, fabricado pela PMI, em J.K. Machine Tools, Rajkot. O que dá aproximadamente 900 mm de deslocamento no carro principal, o comprimento restante do parafuso de esferas é mecanizado para a montagem do suporte da extremidade e o alojamento do rolamento da extremidade.

O desenho dimensional das peças é efectuado no software Cre-o. O desenho do parafuso de esferas do eixo Z é mostrado na figura 3.6, o desenho do parafuso de esferas do eixo X é mostrado na figura 3.7, o suporte de montagem da porca é mostrado na figura 3.8, o suporte de montagem do parafuso de esferas do eixo Z e a caixa de rolamentos são mostrados na figura 3.9 e as peças efetivamente fabricadas são instaladas no espaço desejado na máquina de torno adaptada, também mostrada na respectiva figura.

O mesmo que o suporte de montagem do motor passo a passo mostrado na figura 3.10, o suporte de montagem da extremidade do fuso de esferas do eixo Z mostrado na figura 3.11, o fuso de esferas do eixo X e o suporte de montagem do passo mostrado na figura 3.12, a caixa de rolamentos do fuso de esferas do eixo X mostrado na figura 3.13 e as peças efetivamente fabricadas são montadas no espaço desejado na máquina de torno adaptada mostrada na respectiva figura.

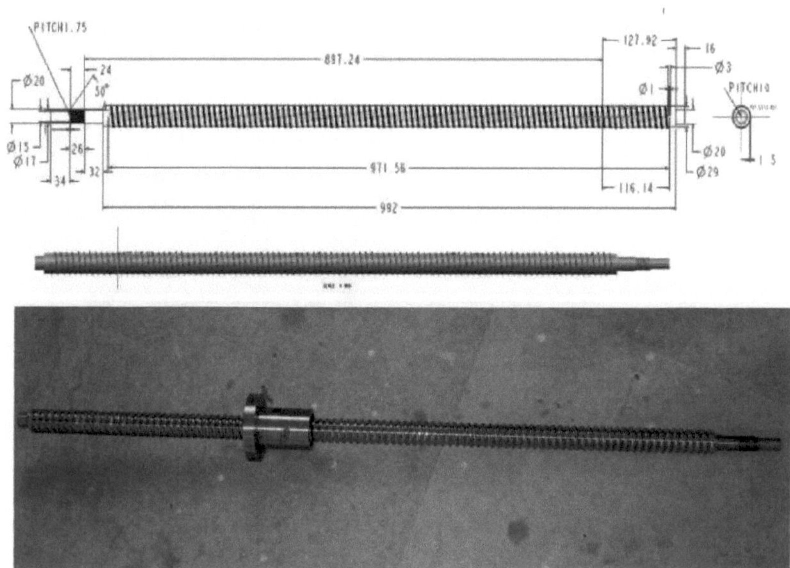

Figura n.º 3.6: - Parafuso de esferas do eixo Z com conceção e fabrico dimensionais

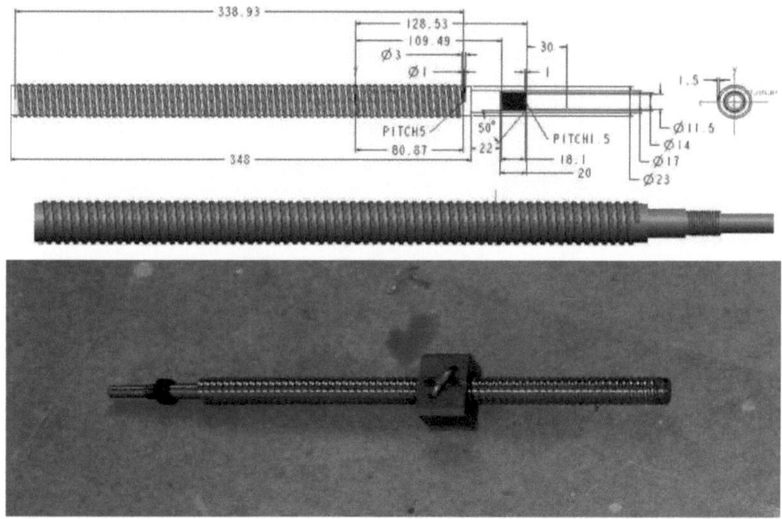

Figura n.º 3.7: - Fuso de esferas do eixo X com conceção e fabrico dimensionais

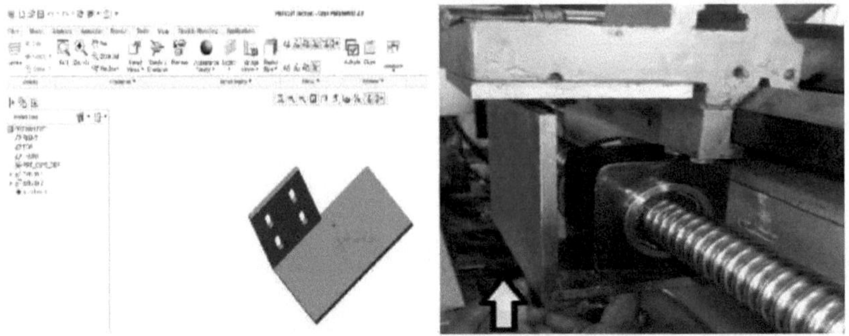

Figura n.º 3.8: - Suporte de montagem da porca para o fuso de esferas do eixo Z e fixação no carro

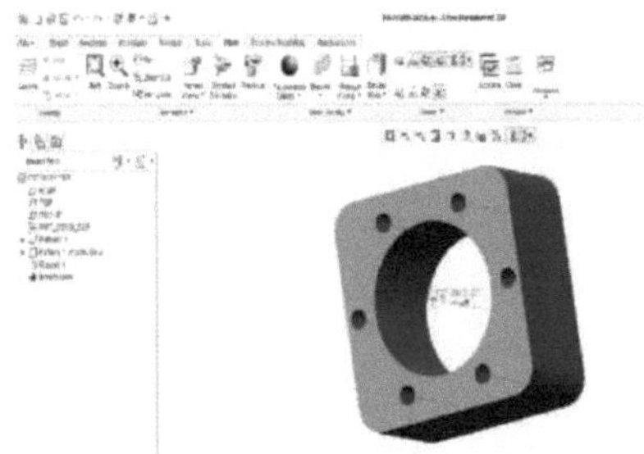

Figura n.º 3.9: - Caixa de rolamentos

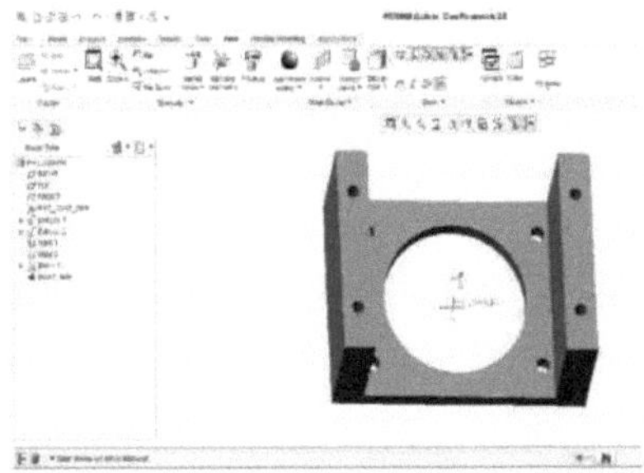

Figura n.º 3.10: - Suporte de montagem

Figura n.º 3.11: - Caixa de rolamentos do fuso de esferas do eixo Z e suporte de montagem do motor passo-a-passo

Para o procedimento de reequipamento, fabriquei 2 caixas de rolamentos para o fuso de esferas do eixo Z e 1 caixa de rolamentos para o fuso de esferas do eixo X, 2 caixas de porcas para o fuso de esferas do eixo Z e do eixo X, 2 suportes de montagem do motor passo a passo e 2 placas de montagem para fixar ambos os suportes do motor passo a passo com o corpo da máquina. Além disso, um suporte serve para encaixar a porca do fuso de esferas do eixo Z no carro.

Todas as peças não são desenvolvidas por mim, mas com o apoio de alguma indústria e o design dimensional, posso fabricar e fabricar todo o componente.

3.3.4Passo 4: - Montagem de todas as peças fabricadas e das peças electrónicas no local desejado

O fabrico e a produção de todas as peças necessárias são concluídos e o processo de montagem é iniciado.

Em primeiro lugar, montei o fuso de esferas do eixo Z, fixando todas as suas peças, como a chumaceira na caixa da chumaceira em ambos os lados, a caixa da porca na porca e a placa de fixação da porca, como mostra a figura 3.14.

De seguida, fixar o fuso de esferas do eixo Z com o corpo da máquina. Para isso, alinhei o fuso de esferas com o carro, que é a parte mais importante da máquina e um fuso de esferas corretamente alinhado pode proporcionar um funcionamento suave durante a sua vida útil. O processo de alinhamento é apresentado na figura 3.15.

A figura 3.16 mostra o alinhamento do fuso de esferas do eixo X e a montagem do motor de passo. Esta é outra parte importante da máquina, porque a ferramenta de corte desloca-se neste carro.

A figura 3.17 mostra a ligação eletrónica do motor de passo e do painel de controlo. O painel de controlo é operado e controlado por todos os componentes electrónicos de acordo com os requisitos, uma vez que os componentes principais estão instalados no painel de controlo. É mostrado o alinhamento do fuso de esferas do eixo X e a montagem do motor passo-a-passo. O que é outra parte importante da máquina, porque a ferramenta de corte desloca-se nesta corrediça.

Na figura 3.18 é mostrada a montagem do interrutor de proximidade de ambos os eixos. O interrutor de proximidade é um dos codificadores que detecta o limite de deslocação do carro.

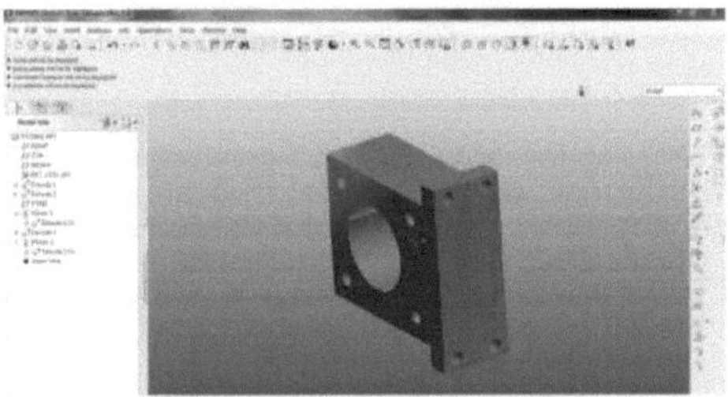

Figura n.º 3.12: - Suporte de montagem do parafuso de esferas do eixo Z

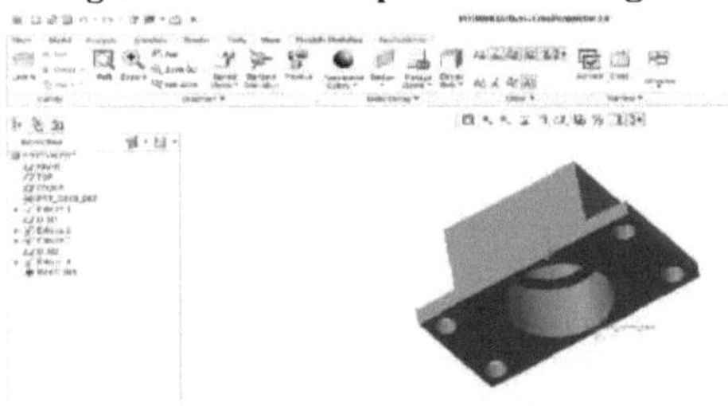

Figura n.º 3.13: - Caixa de rolamentos do fuso de esferas do eixo X e suporte de montagem do motor passo-a-passo

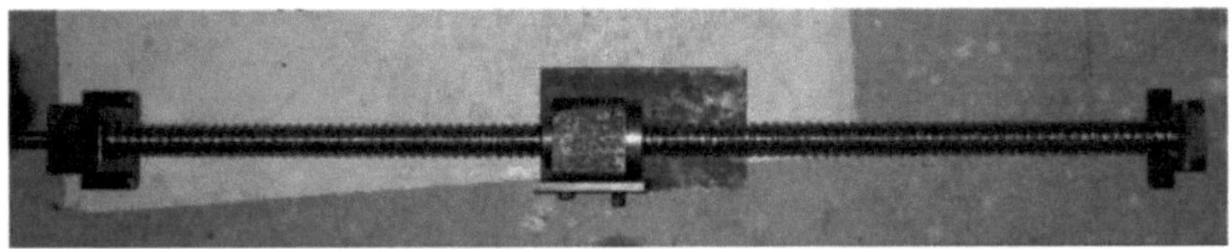

Figura n.º 3.14: - Montagem do fuso de esferas do eixo Z

Figura n.º 3.15: - Alinhamento e montagem do fuso de esferas do eixo Z

Figura n.º 3.16: -Alinhamento e montagem do fuso de esferas do eixo X e do respetivo motor de passo

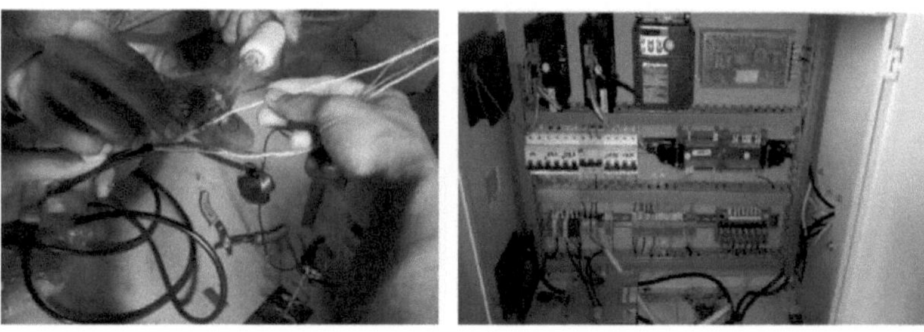

Figura n.º 3.17: - Ligação eletrónica do motor passo a passo e do painel de controlo

(1) (2)

Figura No.3.18: -Interruptor de proximidade e sua montagem. (1) Para o eixo Z (2) Para o eixo X

3.3.5Etapa 5: - Inspeção e ensaio da nova máquina de torno adaptada

Após a conclusão dos trabalhos de montagem dos componentes manufacturados e fabricados na máquina. Além disso, a ligação dos componentes electrónicos foi concluída com êxito e todas as configurações básicas foram efectuadas, sendo então realizado o processo de inspeção e ensaio. Nesta etapa, verifiquei se todos os componentes estão corretamente encaixados no corpo da máquina e se o alinhamento dos dois parafusos de esferas está correto. Verifiquei também se as duas corrediças estão a funcionar corretamente com o passo.

Em seguida, fabricámos o trabalho na máquina de torno adaptada desenvolvida, mostrada na figura 3.19, utilizando o programa de operação de torneamento, que é do método de programa manual de peças, e verificámos o acabamento da superfície do trabalho, que é mostrado na figura 3.20.

O programa é apresentado a seguir;

```
G0 X125 Z150
M03 S800
G0X30 Z3.0
G01 Z1.0 F0.3
G01 X0.0 F0.18
G0 Z2.0 X30.0
G01 Z0.5 F0.3
G01 X0.0 F0.18
```

```
G0 Z5.0
X25.0
G01 Z-60.0 F0.18
G0 X30
Z5.0
X24.0
G01 Z-60.0 F0.18
G0 X50
G0 X150 Z200
M5
M30
```

O programa escrito acima é utilizado para a operação de torneamento na máquina de torno adaptada desenvolvida.

Figura n.º 3.19: - Ensaio da máquina

Figura No.3.20: - Inspeção do trabalho

Capítulo 4

Comparação

Fiz comparações em duas etapas no laboratório de fabrico da faculdade.

Além disso, testei três amostras em Tirth Agro Pvt. Ltd., Rajkot, para verificar diferentes propriedades do trabalho, como a rugosidade da superfície, a dimensão através de uma pinça digital e a conicidade.

Testei um trabalho fabricado numa máquina de torno convencional, designado por amostra L, e dois trabalhos fabricados numa máquina de torno adaptada, designados por amostra R e amostra P. Os resultados destes testes são apresentados na figura 4.1.

A partir do relatório de teste acima, justifica-se que a precisão no torno adaptado é melhor do que na máquina convencional porque a rugosidade da superfície é boa no trabalho fabricado no torno adaptado do que no trabalho fabricado na máquina de torno convencional.

1. comparação entre a máquina de torno convencional e a máquina de torno adaptada desenvolvida

Quadro n.º - 4.1 Comparação entre as duas máquinas de torno

Comparison between Conventional Lathe machine & Developed Retrofitted lathe machine			
Serial No.	**Factor**	**Conventional Lathe Machine**	**Retrofitted Lathe machine**
1	Machining Time	High	Low
2	Surface Finishing	Low	High
3	Production Rate	Low	High
4	Dimensional Stability	Low	High
5	One Time Setup Cost	Low	High
6	Wearing of Slide	High	Low

A figura 4.2 e a figura 4.3 apresentam fotografias de um trabalho fabricado numa máquina de torno convencional e de um trabalho fabricado numa máquina de torno adaptada,

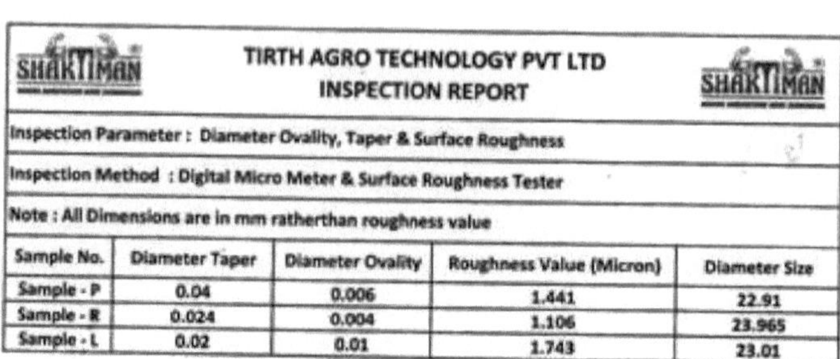

TIRTH AGRO TECHNOLOGY PVT LTD
INSPECTION REPORT

Inspection Parameter : Diameter Ovality, Taper & Surface Roughness

Inspection Method : Digital Micro Meter & Surface Roughness Tester

Note : All Dimensions are in mm ratherthan roughness value

Sample No.	Diameter Taper	Diameter Ovality	Roughness Value (Micron)	Diameter Size
Sample - P	0.04	0.006	1.441	22.91
Sample - R	0.024	0.004	1.106	23.965
Sample - L	0.02	0.01	1.743	23.01

Inspection by : Imran Dela

Date : 29.03.2014

Verify By : Nilesh Joshi

Date : 29.03.2014

Comments : For Sample P & R Roughness value and Diameter ovality ok as compare to Sample L. Taper is not set in sample P & R.

Figura n.º 4.1: - Certificado de ensaio

(1)

(2)

(1) Figura n.º 4.2: - Trabalho fabricado numa máquina de torno
(2) Figura No.4.3: - Trabalho fabricado numa máquina de torno adaptada

A comparação do tempo de maquinagem entre as tarefas fabricadas num torno convencional e a mesma tarefa fabricada num torno adaptado desenvolvido é apresentada na figura 4.4. A partir daí, justifica-se que a máquina de torno adaptada demora muito pouco tempo a ser maquinada, em comparação com a máquina de torno convencional.

A comparação das dimensões entre o trabalho fabricado num torno convencional e o mesmo trabalho fabricado num torno adaptado desenvolvido é apresentada na figura 4.5. A partir daí, justifica-se que a máquina de torno adaptada dá mais estabilidade de dimensão do que a máquina de torno convencional.

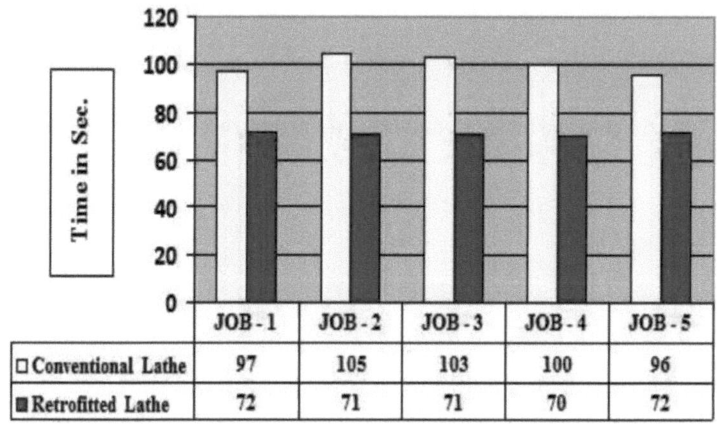

	JOB - 1	JOB - 2	JOB - 3	JOB - 4	JOB - 5
□ Conventional Lathe	97	105	103	100	96
■ Retrofitted Lathe	72	71	71	70	72

Figura n.º 4.4: - Comparação do tempo de maquinagem entre torno convencional e Máquina de torno adaptada

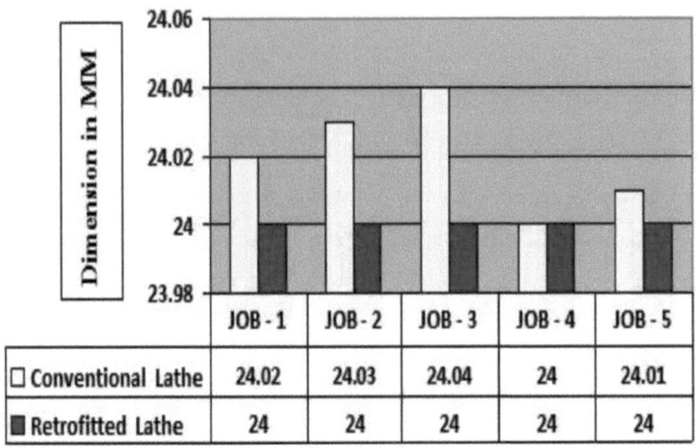

	JOB - 1	JOB - 2	JOB - 3	JOB - 4	JOB - 5
□ Conventional Lathe	24.02	24.03	24.04	24	24.01
■ Retrofitted Lathe	24	24	24	24	24

Figura No.4.5: - Comparação da dimensão da tarefa entre o torno convencional e o torno adaptado

Capítulo 5

Conclusão e âmbito futuro

Ao desenvolver a automatização da máquina de torno convencional através da adaptação do método baseado em passo, a máquina funciona como formador CNC para o ensino e a aprendizagem da matéria do aluno. Além disso, o custo da máquina é minimizado cerca de 4 vezes em relação ao formador CNC original, porque o prémio da máquina de torno adaptada desenvolvida é de 2 43 060 rupias, enquanto o prémio do formador CNC é de cerca de 7 50 000 rupias.

Uma vez que a automatização no novo torno adaptado é efectuada através da substituição ou remoção dos componentes da máquina de torno convencional, o custo de instalação é elevado em comparação com a máquina de torno normal, mas a taxa de produção é demasiado elevada. Por isso, é muito útil para a produção em massa. A precisão do trabalho fabricado na máquina de torno adaptada também é elevada, pelo que a repetibilidade e a estabilidade dimensional da peça fabricada são alcançadas. O acabamento da superfície da peça fabricada na máquina de torno adaptada desenvolvida é melhor do que na máquina de torno convencional, tal como justificado no relatório de inspeção da Tirth Agro Pvt. Ltd. Por conseguinte, a qualidade do trabalho é boa em comparação com o trabalho fabricado numa máquina de torno convencional.

Além disso, o desgaste da corrediça é muito reduzido, uma vez que existe uma camada de turcide entre as duas superfícies de deslizamento, porque a turcide tem poli tetra fluro etileno (PTFE) e material de bronze. Assim, é possível obter um movimento de deslizamento superior e o desgaste da corrediça, do selim e do carro diminui. Finalmente, alguns trabalhos complexos que não são fabricados numa máquina de torno convencional podem ser fabricados na nova máquina de torno adaptada desenvolvida.

No futuro, podem ser adicionadas algumas peças, como o motor que acciona o dispositivo de mudança automática de ferramentas (cabeça da torre) para realizar várias operações rapidamente. Além disso, existe uma disposição para anexar o codificador rotativo que é útil para a operação de rosca e outras operações complexas. É possível converter este centro de torneamento desenvolvido numa fresadora CNC, fazendo a fixação adequada. Ao elaborar um programa de peças adequado, é possível efetuar trabalhos complexos que não são possíveis de fabricar numa máquina de torno convencional. No futuro, a integração CAD/CAM pode ser efectuada nesta máquina.

REFERÊNCIAS

PAPÉIS: -

1. Machine Tool Failure Data Analysis for Condition Monitoring Application

   Departamento de Engenharia Mecânica, Instituto Indiano de Tecnologia, Nova Deli.

   Kegs. R. L., On-line Machine and Process Diagnostics, Annals of the CIRP, 32(2), 469-473, 1984.

2. Kriangkrai Waiyagan & E.L.J. Bohez do Department of Design and Manufacturing Engineering, Asian Institute of Technology, P.O. Box 4, Klong Luang, 12120 Pathumthani, Thailand Ninth International Conference on Computer Aided Design and Computer Graphics (CAD/CG 2005) 0-7695-2473-7/05 $20.00 © 2005 IEEE

3. Projeto de um circuito hidráulico para uma máquina de torno CNC convertida a partir de uma máquina de torno convencional Zin Ei Ei Win, Than Naing Win, Jr., e Seine Lei Winn, Academia Mundial de Ciência, Engenharia e Tecnologia 18,2008.

4. Edição especial sobre os recentes avanços em automação flexível, Revista Internacional de Computação Inovadora, Informação e Controlo Volume 4, Número 3, março de 2008 - ICIC International °c 2008 ISSN 1349-4198

   Departamento de Engenharia Mecânica, Universidade de Auckland, Private Bag 92019, Auckland, Nova Zelândia.

5. V. Roy - S. Kumar do Inst. Eng. India Ser. C (abril-junho 2013) 94(2):187-195 DOI: 10.1007/s40032-013-0064-2

6. Em 2013, M. Moses & Dr. Denis Ashok M. Tech, Mecatrónica da Escola de Mecânica e Ciências da Construção, Universidade VIT, Vellore, Índia

   978-1-4673-6150-7/13/$31.00 ©2013 IEEE

PATENTES: -

7. Yen-Ku Chen, Yueh-Hsun King (2012), Interruptor de controlo remoto de máquinas CNC.

   Patente dos EUA n.º 8255064/2012

8. Eric R. Larsen, Marion B. Grant, Michael P. Vogler(2008),CNC Prescribe Method to Encourage Chip Breaking.US patent #7,441,484 B1/2008

9. Karl-Heinz Schumacher (2013), Multi spindle Lathe. Patente dos EUA

2013008702/2013

10. Yukinaga SasazaWa, Kazuhiko Matsumoto, Tsutomu Tokuma (2007), Composite Lathe. Patente dos EUA n.º 7240412/2007

LIVROS: -

11. "Fabrico Assistido por Computador" por Richard A. Wyask, Husn-Pin Wang

WEBSITES: -

12. http://en.wikipedia.org/wiki/Numerical controlo

http://en.wikipedia.org/wiki/Lathe

http://www.epa.gov/ozone/title6/609/technicians/retrguid.html

http://repository.cmu.edu/cgi/viewcontent.cgi?article=1109&context=cheme

Printed by Books on Demand GmbH, Norderstedt / Germany